AF395639

COURS

D'ARITHMÉTIQUE VULGAIRE ET SAVANTE,

SANS MAITRE

2ᵉ ET DERNIÈRE LIVRAISON

Du second volume du *Livre des Principes.*

Prix de la 2ᵉ livraison :

2 fr. 50.

CHAPITRE XII

QUARANTE-TROISIÈME LEÇON.

THÉORIE DES NOMBRES PAIRS ET IMPAIRS.
NOTIONS PRÉLIMINAIRES.

SOMMAIRE. — *Définition* des nombres *pairs* et *impairs*. — *Formule algébrique* de tous les nombres *consécutifs*. — *Formule algébrique* de tous les nombres *pairs*. — *Formule algébrique* de tous les nombres *impairs*. — La *série* de tous les nombres *consécutifs* se compose de la *série* de tous les nombres *impairs* et de la *série* de tous les nombres *pairs*. Les nombres *consécutifs* y sont alternativement *impairs* et *pairs*, puisqu'elle commence par le nombre *impair* 1 — De 2 nombres *consécutifs :* si le *plus petit* est *impair* ou *pair*, le *plus grand* est *pair* ou *impair*. — Dans la *série* de tous les nombres *consécutifs :* tout nombre *pair* est *compris* entre 2 nombres *impairs*. — Dans la *série* de tous les nombres *consécutifs :* tout nombre *impair*, autre que celui 1, est compris entre 2 nombres *pairs*. — La *série* indéfinie de tous les nombres *pairs*, dans l'*ordre croissant*, n'est autre chose que la *série* de tous les nombres dont chacun contient le nombre *pair* 2 de plus que le nombre *pair* précédent, à l'exception de celui 2 qui n'a pas de nombre *pair* précédent, puisqu'il est le *plus petit* de tous les nombres *pairs*. De même : la *série* indéfinie de tous les nombres *impairs*, dans l'*ordre croissant*, n'est aussi autre chose que la *série* de tous les nombres dont chacun contient le nombre *pair* 2, de plus que le nombre *impair* précédent, à l'exception du nombre *impair* 1 qui n'en n'a pas de précédent, puisqu'il est le *plus petit* de tous les nombres *impairs* et de tous les nombres. — La *formule algébrique* n-1 est *à la fois* celle de 0, *zéro* ou *rien*, et celle de tous les nombres *consécutifs*, c'est-à-dire alternativement *impairs* et *pairs*. La *formule* n+1 ou 1+n est celle de tous les nombres *consécutifs*, *non compris* celui 1, c'est-à-dire, alternativement *pairs* et *impairs*. — La *formule algébrique* 2·n-2 est *à la fois* la *formule* de 0, *zéro* ou *rien*, et la *formule* de tous les nombres *pairs*. — La *formule algébrique* 2·n + 2 est *celle* de tous les nombres *pairs consécutifs*, à partir de celui 4, c'est-à-dire *non compris* celui 2. Sous 2·n+2, se place donc toujours un nombre *pair*, quel que soit le nombre n — La *formule algébrique* 2·n+1 est *celle* de tous les nombres *impairs consécutifs*, à partir de celui 3, c'est-à-dire *non compris* celui 1. Sous 2·n+1 se place donc toujours un nombre *impair*, quel que soit le nombre n — Les 2 *formules algébriques*, 2 · n—1, 2 · n, ensemble, sont celles de tous les nombres *consécutifs*, mais 2 *à la fois :* la première de chaque nombre *impair*, et la deuxième de chaque nombre *pair* qui le suit. — Les 2 *formules algébriques*, 2 · n, 2 · n+2, ensemble, sont *celles* de tous les nombres *pairs* consécutifs, mais de 2 à la fois. Et de même de *celles*, 2 · n—1, 2 · n+1, pour les nombres *impairs* consécutifs. — Qu'APPELLE-T-ON chiffres *pairs*, chiffres *impairs? Signes* de *multiple*, pairs ou *impairs, signes* de *subdivision, pairs* ou *impairs?*

452. DÉFINITION des nombres PAIRS et IMPAIRS. — Tout nombre, quel qu'il soit, EST OU N'EST PAS composé de 2 nombres ÉGAUX OU IDENTIQUES , c'est-à-dire, vulgairement parlant, de 2 nombres PAREILS.

TOUS CEUX qui ont la *propriété* d'être la *somme* de 2 nombres *égaux* ou *identiques* sont appelés nombres *pairs,* mot qui vient de celui *pareil.*

De là suit donc que le nombre II, 2, est le *plus petit* de tous les nombres *pairs,* puisqu'il est le *somme* de 1 + 1

Par conséquent, on appelle nombres *impairs,* c'est-à-dire *non pairs :* tous les nombres qui *n'ont pas* la *propriété* d'être la *somme* de 2 nombres *égaux* ou *identiques.*

De là suit donc aussi que le nombre 1 est le *plus petit* de tous les nombres *impairs,* puisque *celui-là,* qui est le *plus petit* de tous les nombres et sert à composer tous les autres, n'est visiblement pas la *somme* de 2 nombres *égaux* ou *identiques.*

453. FORMULE ALGÉBRIQUE de tous les nombres *consécutifs.* — Puisque, pour parler des *nombres abstraits,* sans les *déterminer* par leur *nom* ou par leur expression *vulgaire* en *chiffres,* on CONVIENT de se servir des *petites lettres* de l'alphabet *a, b, c, d....,* etc., qui en tiennent la *place,* ce qu'on appelle le *langage algébrique :* chacune d'elles, pouvant recevoir pour *valeur* tel nombre que l'on veut, pourrait donc être PRISE pour être la *formule algébrique* de tous les nombres *consécutifs;* mais, pour embrasser la SÉRIE de tous les nombres croissant par 1, à partir de celui 1, il est d'usage d'employer de préférence la lettre *n* qui est l'*initiale* du mot *nombre.*

Ainsi, la lettre *n* est la *formule algébrique* de TOUS les nombres *consécutifs,* puisqu'on peut lui donner successivement pour *valeur* chacun de ces nombres, c'est-à-dire la *remplacer* par eux, bien entendu par leur *nom* ou par leur expression *vulgaire* en *chiffres,* les nombres *eux-mêmes,* quand ils sont *plus grands* que celui 1, n'étant présents qu'à notre esprit.

454. Formule algébrique de tous les nombres **pairs**. — Tous les nombres *pairs*, sans exception, sont compris sous l'une quelconque des 3 *formules* suivantes :

$$n + n \quad , \quad 2 \cdot n \quad , \quad n \cdot 2$$

du moment que le *chiffre* 2 exprime le nombre $1 + 1$ ou 11 qu'il ne faut pas confondre *ici* avec le nombre dit *onze* : 11 étant ici le nombre *lui-même*, et non l'expression *vulgaire* en *chiffres* du nombre *onze*.

La **formule** $2 \cdot n$, bien qu'elle ne réponde pas à la *définition* aussi *directement* que celle $n + n$, est **celle** qui est le plus en usage pour exprimer un nombre *pair* quelconque ; cela tient à ce qu'elle fait disparaître le *signe* $+$, et qu'une *formule* à 1 seul *terme* est plus simple qu'une *formule* à 2 *termes*.

Démonstration. — En effet: d'après la *définition* des nombres *pairs*, $n + n$, en mettant successivement chacun des nombres consécutifs, c'est-à-dire son *nom* ou mieux son expression *vulgaire* en *chiffres*, à la place de n, fournira tous les nombres *pairs*, sans exception, puisque le nombre exprimé sera toujours la *somme* de 2 nombres *égaux* ou *identiques*.

Or, $n + n$ a pour expression plus simple $2 \cdot n$ ou $n \cdot 2$, du moment que le *chiffre* 2 exprime le nombre $1 + 1$ ou 11

Ainsi, la *formule* $2 \cdot n$, préférable à celle $n \cdot 2$ qui résulte du *principe* de l'*intervertissement*, nous apprend que tous les nombres *pairs*, compris dans la *série* de tous les nombres *consécutifs*, ont pour expression non *vulgaire* en *chiffres* :

$$2 \cdot 1, \quad 2 \cdot 2, \quad 2 \cdot 3, \quad 2 \cdot 4, \quad 2 \cdot 5, \quad 2 \cdot 6 \ldots, \text{et ainsi indéfiniment,}$$
$$\text{ou } 2 \quad , \quad 4 \quad , \quad 6 \quad , \quad 8 \quad , \quad 10 \quad , \quad 12 \ldots, \text{et ainsi indéfiniment.}$$

C'est là la *serie* indéfinie de tous les nombres *pairs*, *tels* que nous les exprimons dans notre *système* de *numération chiffrée* qui a pour **base** le nombre **pair** *dix*.

Il va de soi que, lorsqu'on pose $2 \cdot a$, $2 \cdot b$, $2 \cdot c$, etc., on veut parler de nombres *pairs* différents, puisque les lettres a, b, c, etc., étant différentes, doivent *tenir* la *place* de nombres différents.

455. Formule algébrique de tous les nombres **impairs**. — Tous les nombres de la *série* des nombres *consécutifs*, autres que ceux du numéro précédent, n'étant pas des nombres *pairs*, sont donc des nombres *impairs*. Or, *tous ceux-là*, sans exception, sont compris sous l'une quelconque des 3 *formules* suivantes :

$$n + n - 1 \quad , \quad 2 \cdot n - 1 \quad , \quad n \cdot 2 - 1$$

mais c'est CELLE $2 \cdot n - 1$ qui est le plus en usage.

DÉMONSTRATION. — En effet: d'une part, d'après le numéro précédent, le nombre 1 et tous ceux qui sont *intermédiaires* entre 2 nombres *pairs*, n'étant pas des nombres *pairs*, sont donc des nombres *impairs*.

Ainsi, la *série* indéfinie de tous les nombres *impairs*, compris dans la *série* de tous les nombres *consécutifs*, est la suivante, dans notre *système* de *numération chiffrée* :

1, 3, 5, 7, 9, 11, 13....., et ainsi indéfiniment.

D'autre part: tous ces nombres sont véritablement *compris* sous la *formule* $2 \cdot n - 1$, puisqu'on les trouve *tous*, en mettant successivement, à la *place* de n, chacun des nombres *consécutifs* 1, 2, 3....., et ainsi indéfiniment.

$$\text{Ainsi, } 2 \cdot 1 - 1, \text{ ou } 2 - 1, \text{ c'est } 1$$
$$2 \cdot 2 - 1, \text{ ou } 4 - 1, \text{ c'est } 3$$
$$2 \cdot 3 - 1, \text{ ou } 6 - 1, \text{ c'est } 5$$

Et ainsi indéfiniment.

Il va de soi que, lorsqu'on pose $2 \cdot a - 1, 2 \cdot b - 1, 2 \cdot c - 1$, etc., on veut parler de nombres *impairs* différents, puisque les lettres a, b, c, etc., étant différentes, doivent *tenir* la *place* de nombres différents.

456. La SÉRIE de tous les nombres *consécutifs* se compose de la *série* de tous les nombres *impairs* et de la *série* de tous les nombres *pairs*.

Les nombres *consécutifs* y sont alternativement *impairs* et *pairs*, puisqu'elle commence par le nombre *impair* 1

Le 1er point est évident, puisque la *série* de tous les nombres *consécutifs* étant la série de tous les nombres, sans exception, comprend tous ceux qui sont *impairs* comme tous ceux qui sont *pairs*.

Le 2e point est évident aussi. Car après le nombre *impair* 1 qui est le *plus petit* de tous les nombres *impairs*, puisqu'il est le *plus petit* de tous les nombres, vient le nombre *pair* 2 qui est le *plus petit* de tous les nombres *pairs*.

Après, vient le nombre *impair* 3 ; après, le nombre *pair* 4 ; et ainsi indéfiniment, puisqu'il n'y a qu'*un seul* nombre *intermédiaire* entre 2 nombres *pairs*, et que ce nombre est *impair*.

457. De 2 nombres *consécutifs* : si le *plus petit* est *impair* ou *pair*, le *plus grand* est *pair* ou *impair*.

Cela résulte du n° précédent, puisque les nombres y sont alternativement *impairs* et *pairs*.

458. Dans la *série* de tous les nombres *consécutifs : tout* nombre *pair* est *compris* entre 2 nombres *impairs*.

Cela résulte aussi du n° 456, car tous les nombres *consécutifs* étant alternativement *impairs* et *pairs*, il est clair qu'avant un nombre *pair* vient un nombre *impair*, et après ce nombre *pair* un nombre *impair* aussi. Donc un nombre *pair* est toujours *compris* entre 2 nombres *impairs*.

459. Dans la *série* de tous les nombres *consécutifs :* tout nembre *impair*, autre que celui 1, est *compris* entre 2 nombres *pairs*.

Cela résulte aussi du n° 456, car tous les nombres *consécutifs* étant alternativement *impairs* et *pairs* , il est clair qu'avant le nombre *impair* 3, le plus grand après celui 1, vient le nombre *pair* 2, et après ce nombre *impair* 3, vient le nombre *pair* 4, et ainsi des autres. Donc tout nombre *impair*, autre que celui 1, est toujours *compris* entre 2 nombres *pairs*.

Le nombre *impair* 1 est le seul *excepté*, parce que *celui-là* étant le *plus petit* de tous les nombres, ne peut avoir un nombre *pair* avant lui, il a seulement le nombre *pair* 2 après lui.

460. La *série* indéfinie de tous les nombres *pairs*, dans l'ordre croissant, n'est autre chose que la *série* de tous les nombres dont chacun contient le nombre *pair* 2 de plus que le nombre *pair* précédent, à l'exception de celui 2 qui n'a pas de nombre *pair* précédent, puisqu'il est le *plus petit* de tous les nombres *pairs*.

De même : la *série* indéfinie de tous les nombres *impairs*, dans l'ordre croissant, n'est aussi autre chose que la *série* de tous les nombres dont *chacun* contient le nombre *pair* 2 de plus que le nombre *impair* précédent, à l'exception du nombre *impair* 1 qui n'en a pas de précédent, puisqu'il est à la fois le *plus petit* de tous les nombres *impairs* et le *plus petit* de tous les nombres.

Ces deux *faits* résultent de ce que, dans la *série* de tous les nombres *consécutifs*, chacun d'eux contient le nombre 1 de plus que le précédent, et de ce que les nombres y sont alternativement *impairs* et *pairs* [456].

En effet : le nombre *impair* qui vient *après* un nombre *pair* contient le nombre 1 de plus que lui ; et puisque le nombre *pair* qui vient *après* ce nombre *impair* contient le nombre 1 de plus que lui, il est clair que ce nombre *pair* qui vient après le nombre *pair* précédent contient le nombre 1 + 1 ou 2 de plus que lui.

De même : le nombre *pair* qui vient *après* un nombre *impair* contient le nombre 1 de plus que lui ; et puisque le nombre *impair* qui vient *après* ce nombre *pair* contient le nombre 1 de plus que lui, il est clair que ce nombre *impair* qui vient *après* le nombre *impair* précédent contient le nombre 1 + 1 ou 2 de plus que lui.

On pourrait le *démontrer* de bien d'autres manières, mais *celle-là* est la plus claire.

Disons en passant : 1° que la *série* indéfinie des nombres *pairs*, compris sous la *formule* 2·n ;

Et la SÉRIE indéfinie des nombres *impairs*, compris sous la formule 2·n-1,

Tels qu'on les trouve en mettant à la place de *n* chacun des nombres *consécutifs* : 1, 2, 3,... etc., indéfiniment, sont dites, la 1ʳᵉ : SÉRIE indéfinie de *tous* les nombres *pairs consécutifs*, dans l'ordre croissant, parce qu'ils y sont tous, dans l'ordre croissant par 2 où ils *se suivent* : 2, 4, 6, 8,.... etc., indéfiniment.

La 2ᵉ : SÉRIE indéfinie de tous les nombres *impairs* consécutifs, parce qu'ils y sont aussi tous, dans l'ordre croissant par 2 où ils *se suivent* : 1, 3, 5, 7,... etc., indéfiniment ;

De là suit donc, que dans la SÉRIE fondamentale qui comprend les nombres *pairs* et *impairs*, ils sont *consécutifs*, en tant que *nombres*.

Dans la SÉRIE des nombres *pairs*, ils sont *consécutifs* en tant que *pairs*.

Et dans la SÉRIE des nombres *impairs*, ils sont *consécutifs* en tant qu'*impairs*.

2° Que de 2 nombres *pairs* ou *impairs*, consécutifs : le *plus grand* contient le nombre 2 de *plus* que le *plus petit*, et par conséquent le *plus petit* contient le nombre 2 de *moins* que le *plus grand*.

461. La FORMULE ALGÉBRIQUE n-1 est *à la fois* la FORMULE de 0, *zéro*, ou *rien*, et la FORMULE de tous les nombres *consécutifs*, c'est-à-dire alternativement *impairs* et *pairs*.

Celle n + 1 ou 1 + n est la FORMULE de tous les nombres *consécu-*

tifs, non compris celui 1, c'est-à-dire alternativement *pairs* et *impairs.*

Le 1er *fait* est évident, car si l'on met successivement chacun des nombres *consécutifs* 1, 2, 3,... indéfiniment, à la place de n, on obtient d'abord 1-1 ou *zéro;* puis chacun des nombres *consécutifs,* 1, 2, 3,... etc., indéfiniment.

Le 2e *fait* est évident aussi, car on obtient 2, 3, 4,... indéfiniment.

462. La FORMULE ALGÉBRIQUE $2 \cdot n\text{-}2$ est *à la fois* la FORMULE de 0, *zéro* ou *rien,* et la FORMULE de tous les nombres *pairs.*

En effet : si l'on fait $n = 1$, on a $2 \cdot 1 - 2$ ou 0

Quel que soit le nombre qu'on mette ensuite à la *place de n,* il sera *plus grand* que 1, c'est-à-dire *égal* à $1 + h$, h pouvant être l'un quelconque des nombres *consécutifs* 1, 2, 3,..., et ainsi indéfiniment.

On aura donc : $2 \cdot n = 2 \cdot (1 + h) = 1 + h + 1 + h = 2 \cdot h + 2$

Et par suite : $2 \cdot n - 2 = 2 \cdot h + 2 - 2 = 2 \cdot h$; or, $2 \cdot h$ est la *formule* de tous les nombres *pairs* (454).

463. La FORMULE ALGÉBRIQUE $2 \cdot n + 2$ est CELLE de tous les nombres *pairs* consécutifs, à partir de celui 4, c'est-à-dire *non compris* celui 2

Sous $2 \cdot n + 2$ se *place* donc toujours un nombre *pair,* quel que soit le nombre n

Le 1er point est évident, car $2 \cdot n$ étant la *formule* de tous les nombres *pairs,* y compris celui 2 : $2 \cdot n + 2$, est donc la *formule* de tous les nombres *pairs,* non compris celui 2, c'est-à-dire à partir de celui 4, savoir : 4, 6, 8,...... indéfiniment.

Le 2e point est évident aussi : puisque, quel que soit le nombre pair $2 \cdot n$, $2 \cdot n + 2$ est le nombre *pair* qui vient *après* lui (460).

464. La FORMULE ALGÉBRIQUE $2 \cdot n + 1$ est CELLE de tous les nombres *impairs* consécutifs, à partir de celui 3, c'est-à-dire *non compris* celui 1

Sous $2 \cdot n + 1$ se *place* donc toujours un nombre *impair,* quel que soit le nombre n

Le 1er point est évident, car $2 \cdot n$ étant la *formule* de tous les nombres *pairs :* $2 \cdot n + 1$ est donc la *formule* de tous les nombres qui contiennent le nombre 1 de *plus* que le nombre *pair* précédent. Or, ce sont bien tous les nombres *impairs,* non compris celui 1, c'est-à-dire à partir de celui 3, savoir : 3, 5, 7,......, etc., indéfiniment.

Le 2e point est évident aussi : puisque $2 \cdot n$ étant un nombre *pair,* nécessairement $2 \cdot n + 1$ est le nombre *impair* qui vient *après* lui.

465. Les 2 FORMULES ALGÉBRIQUES, $2 \cdot n - 1$, $2 \cdot n$ ensemble, sont CELLES de tous les nombres *consécutifs*, mais 2 *à la fois* : la 1re de chaque nombre *impair*, et la 2e de chaque nombre *pair* qui le suit.

Cela est évident : puisque la 1re est CELLE de tous les nombres *impairs*, et la 2e de tous les nombres *pairs*.

Ainsi, pour $n = 1$: la 1re exprime 1 et la 2e 2; pour $n = 2$: la 1re exprime 3, et la 2e, 4; et ainsi indéfiniment.

Ainsi, tandis que *n* est la *formule* de tous les nombres *consécutifs* *impairs* et *pairs* [453], mais d'*un seul* pour chaque *valeur* donnée à n : les 2 formules ensemble, $2 \cdot n - 1, 2 \cdot n$, sont celles de 2 nombres *consécutifs* à la fois, *impair* et *pair*.

466. Les 2 FORMULES ALGÉBRIQUES, $2 \cdot n, 2 \cdot n + 2$, ensemble, sont celles de tous les nombres *pairs* consécutifs, mais de deux à la fois.

Et de même des 2 *formules*, $2 \cdot n - 1, 2 \cdot n + 1$, pour les nombres *impairs* consécutifs.

Cela est évident pour les 2 premières. Car, quel que soit le nombre *pair* $2 \cdot n$, celui $2 \cdot n + 2$ est son *consécutif*, puisqu'il contient le nombre 2 de plus que lui [460].

Et quant aux 2 autres : le nombre *impair* $2 \cdot n - 1$, quel qu'il soit, a pour *impair consécutif* $2 \cdot n - 1 + 2$ [460]; or $2 \cdot n - 1$ ayant un *sens*, on a $2 \cdot n - 1 + 2 = 2 \cdot n + 2 - 1$, c'est-à-dire $2 \cdot n + 1$

467. Qu'appelle-t-on chiffres *pairs*, chiffres *impairs*? *signes* de *multiple*, *pairs* ou *impairs*? *signes* de *subdivision*, *pairs* ou *impairs*?

R. Par *abréviation*, on convient d'appeler chiffre *pair* : tout chiffre qui exprime un nombre *pair*.

Et chiffre *impair* : tout chiffre qui exprime un nombre *impair*.

Dans notre *système* de *numération chiffrée* dont la BASE est le nombre PAIR *dix* :

Parmi les *chiffres* qui expriment un nombre, il y en a donc 4 dits *pairs*, savoir : 2, 4, 6, 8

Et 5 dits *impairs*, savoir : 1, 3. 5, 7, 9

Les nombres exprimés par chacun de ces *chiffres* sont dits nombres d'*un seul chiffre*.

Je rappelle ici que le nombre 1 est dit *chiffre*, par *abus*, dans un intérêt d'*abréviation;* et cela, parce qu'il est réellement *chiffre* ou *signe*, toutes les fois qu'il *figure* ailleurs qu'à la *droite*, dans une expression de nombre de *plusieurs chiffres*, et que lorsqu'il est à la *droite* ou *seul*, il s'exprime lui-même.

Le chiffre 0, *zéro*, n'exprimant pas un nombre, n'est ni *pair*, ni *impair*, il est *neutre*, c'est-à-dire ni l'un, ni l'autre.

Les 4 *signes* de *multiple* 2•, 4•, 6•, 8•, sont appelés *signes* de *multiple pairs*, parce que les *chiffres* 2, 4, 6, 8, qui font partie de leur expression, sont des *chiffres pairs*.

Et les 4 *signes* de *subdivision* correspondants à ces 4 *signes* de multiple : *moitié* ou *demi*, *quart*, *sixième*, *huitième*, sont dits *signes* de *subdivision pairs*.

De même : les 4 *signes* de *multiple* 3•, 5•, 7•, 9• sont dits *signes* de *multiple impairs*, parce que les *chiffres* 3, 5, 7, 9 qui font partie de leur expression sont des *chiffres impairs*.

Et les 4 *signes* de *subdivision* correspondants à ces 4 *signes* de multiple : *tiers*, *cinquième*, *septième*, *neuvième* sont dits *signes* de *subdivision impairs*.

Tous ces *termes* de *distinction* sont fort utiles pour expliquer brièvement certaines vérités scientifiques.

QUARANTE-QUATRIÈME LEÇON.

PROPRIÉTÉS DES NOMBRES PAIRS ET IMPAIRS, QUANT A L'ADDITION ET A LA SOUSTRACTION.

SOMMAIRE — La SOMME de 2 nombres *pairs* ou de 2 nombres *impairs* DOIT toujours être un nombre *pair*. — La SOMME de 2 nombres, l'un *pair* et l'autre *impair*, DOIT toujours être un nombre *impair*. — La SOMME d'autant de nombres *pairs* qu'on en voudra DOIT toujours être un nombre *pair*. — La SOMME d'autant de nombres *impairs* qu'on en voudra : s'ils sont en nombre *pair*, DOIT toujours être un nombre *pair*; et s'ils sont en nombre *impair*, elle DOIT toujours être un nombre *impair*. — La SOMME d'autant de nombres qu'on en voudra, les uns *pairs*, les autres *impairs*, soit *séparés* par *espèce*, soit *mêlés*, DOIT toujours être comme il est dit au numéro précédent, les nombres *pairs* n'ayant aucune *influence* sur l'*espèce* du nombre-*somme*. — COMMENT, sans savoir les *règles*, ni la TABLE d'*addition*, mais connaissant seulement la *numération chiffrée*, ainsi que les nombres *pairs* et *impairs* par habitude : PEUT-ON juger, d'un coup d'œil, s'il y a CERTITUDE OU NON que l'ADDITION considérable qu'une autre PERSONNE vient d'effectuer est FAUSSE. — REMARQUE sur l'ADDITION. — POURQUOI est-il important de connaître le PRINCIPE, que, dans toute ADDITION, le nombre-*somme* doit être de l'ESPÈCE VOULUE par les nombres qu'on a *ajoutés* ensemble ? — Si d'un nombre *pair* a, on *retranche* un nombre *pair* b *plus petit* que lui, le *reste* DOIT toujours être un nombre *pair*. — Si d'un nombre *impair* a, on *retranche* un nombre *impair* b, *plus petit* que lui, le *reste* DOIT toujours être un nombre *pair*. — La DIFFÉRENCE entre deux nombres, l'un *pair* et l'autre *impair*, DOIT toujours être un nombre *impair*. — REMARQUE importante sur la SOUSTRACTION. — Si d'un nombre *pair* a, on peut *retrancher* successivement plusieurs nombres *pairs* : le dernier *reste* DOIT être *zéro* ou un nombre *pair*. — Si d'un nombre *impair* a, on peut *retrancher* successivement plusieurs nombres *impairs* : selon que les nombres IMPAIRS à *retrancher* seront en nombre *pair* ou en nombre *impair*, le dernier *reste* devra être, savoir : 1° Sont-ils en nombre *pair*? le dernier *reste* DOIT toujours être un nombre *impair*. 2° Sont-ils en nombre *impair*? le dernier *reste* DOIT être *zéro* ou un nombre *pair*. — Si d'un nombre *impair* a, on peut *retrancher* successivement plusieurs nombres *pairs* : le dernier *reste* DOIT toujours être un nombre *impair*. — Si d'un nombre *pair* a, on peut *retrancher* successivement plusieurs nombres *impairs* : selon que les nombres *impairs* à *retrancher* seront en nombre *pair* ou en nombre *impair*, le dernier *reste* devra être, savoir : 1° Sont-ils en nombre *pair*? Le *reste* DOIT être *zéro* ou un nombre *pair*; 2° Sont-ils en nombre *impair*? Le dernier *reste* DOIT toujours être un nombre *impair*. — *Toutes les fois* qu'une expression à plusieurs TERMES à signe + et à signe —, autant qu'en en voudra, soit *séparés* par *espèce* de *signes*, soit *mêlés*, et formée de nombres *tous pairs* ou *tous impairs*, a un SENS : sa *valeur* doit être, savoir : 1° Sont-ils *tous pairs*? sa *valeur* DOIT être *zéro* ou un nombre *pair*; 2° Sont-ils tous *impairs*? sa *valeur* DOIT être *zéro* ou un nombre *pair*, s'ils sont en nombre *pair*, et elle DOIT être un nombre *impair*, s'ils sont en nombre *impair*. — *Toutes les fois* qu'une expression à plusieurs

TERMES à *signes* + et à *signes* —, telle qu'il est dit au numéro précédent, sauf que les nombres à *signe* + comme à *signe* — sont maintenant *pairs* et *impairs*, a un SENS : COMMENT reconnaît-on qu'elle DOIT avoir pour *valeur*, *zéro* ou un nombre *pair*, ou bien un nombre *impair?*

468. Si l'on ajoute ensemble 2 nombres *pairs* ou *impairs*, on doit trouver toujours pour *somme* un nombre *pair.*

Ou ce qui est dire la même chose en d'autres mots :

La *somme* de 2 nombres *pairs*, de même que de 2 nombres *impairs*, DOIT toujours être un nombre *pair.*

DÉMONSTRATION. En effet : si les 2 nombres que l'on ajoute ensemble sont *égaux* ou *identiques*, $n + n$ ou $2 \cdot n$: le nombre-*somme* ainsi exprimé est un nombre *pair*, en vertu de la *définition :* peu importe que ce nombre n soit *pair* ou *impair.*

Si les 2 nombres sont *inégaux* ou *différents*, $a + b$:

1° Sont-ils *pairs* tous les 2? Alors celui $a = h + h$, et celui $b = k + k$, puisque chacun d'eux doit être la *somme* de 2 nombres *égaux* ou *identiques.*

Donc $a + b = h + h + k + k = h + k + h + k$; et comme $h + k$ est un certain nombre n, on a donc $a + b = n + n$ ou $2 \cdot n$, c'est-à-dire donc un nombre *pair* (454).

2° Sont-ils *impairs* tous les 2? Si l'un d'eux est celui 1 : alors la somme $a + 1$ ou $1 + b$ est le nombre *pair* qui suit le nombre *impair* a ou le nombre *impair* b (457).

S'ils sont *plus grands* que 1, tous les 2? alors celui $a = h + h - 1$, et celui $b = k + k - 1$ (455), les 2 nombres h et k étant *différents*, puisque ceux a et b sont supposés *différents.*

Donc $a + b = h + h - 1 + k + k - 1$; et comme cette expression a toujours un *sens*, puisque $h + h$ comme $k + k$ est un nombre *plus grand* que 1, on peut mettre tous les *termes* à signe + à la *gauche*, sans *changer* la *valeur* de l'expression.

On a donc $a + b = h + h + k + k - 1 - 1 = h + k + h + k - 2 = n + n - 2$ ou $2 \cdot n - 2$, puisque la *somme* $h + k$ est un certain nombre n; or $2 \cdot n - 2$ est un nombre *pair*, du moment que ce nombre n est *plus grand* que 1 (462).

469. La *somme* de 2 nombres a et b, a pair et b impair, DOIT toujours être un nombre *impair.*

DÉMONSTRATION. En effet : 1° les 2 nombres a et b sont-ils *consécutifs?*

Comme ils ne diffèrent que de 1, on a donc $b = a - 1$ ou $b = a + 1$, selon que b est le nombre *impair* qui vient *avant* ou *après* le nombre *pair* a

Par conséquent, la *somme* $a + b = a + a - 1$ ou $2 \cdot a - 1$, dans le 1er *cas ;* elle est donc alors le nombre *impair* qui vient *avant* le nombre *pair* $2 \cdot a$

Et dans le 2e *cas*, la *somme* $a + b = a + a + 1$ ou $2 \cdot a + 1$, c'est-à-dire aussi le nombre *impair* qui vient *après* le nombre *pair* $2 \cdot a$

2° Les 2 nombres a et b ne sont-ils pas *consécutifs ?*

Alors : comme il existe un nombre h *tel*, que $a = h + h$ (452).

Et un nombre k *tel*, que $b = k + k - 1$ (455).

On a donc : *somme* $a + b = h + h + k + k - 1 = h + k + h + k - 1 = n + n - 1$ ou $2 \cdot n - 1$, c'est-à-dire un nombre *impair* (455), puisque $h + k$ est un certain nombre n

D'ailleurs, ce nombre *impair* n'est autre que celui qui vient *avant* le nombre *pair* $2 \cdot n$ ou $2 \cdot (h + k)$; la *proposition* est donc justifiée.

Remarquons, en passant, que lorsque le nombre *impair* b est celui 1, la *somme* $a + b$ est $a + 1$, c'est-à-dire le nombre *impair* qui vient *après* le nombre *pair* a, lequel nombre *impair* n'est autre que celui qui vient *avant* le nombre *pair* $2 \cdot (h + k)$

En effet : le nombre *impair* $a + 1$ est celui qui vient *avant* le nombre *pair* $a + 2$; or, lorsque b est 1, k est 1 aussi, puisque $1 = 1 + 1 - 1$; et alors le nombre *pair* $2 \cdot (h + k)$ n'est autre que $2 \cdot (h + 1)$ ou $h + h + 2$, c'est-à-dire $a + 2$

Le lecteur, par curiosité, peut *vérifier* sur des exemples *particuliers* toutes les *propositions* que je fais passer sous ses yeux, puisqu'il connaît les nombres *pairs* et *impairs* par habitude, d'après leur expression *vulgaire* en *chiffres*. Je dis par curiosité, parce qu'un véritable *arithméticien* ne vérifie jamais des *propositions* dont il a compris la *démonstration*.

470. La SOMME d'autant de nombres *pairs* qu'on en voudra DOIT toujours être un nombre *pair*.

Cela est évident. Car la *somme* de 2 d'entre eux étant un nombre *pair* (468) ; la *somme* de *celui-là* et d'un autre est aussi un nombre *pair*, et ainsi de suite.

471. La *somme* d'autant de nombres *impairs* qu'on en voudra DOIT ÊTRE, savoir :

1° S'ils sont en nombre *pair* : elle DOIT ÊTRE un nombre *pair*.

2° S'ils sont en nombre *impair* : elle DOIT ÊTRE un nombre *impair*.

Cela est évident. Car la *somme* de 2 d'entre eux (nombre *pair*) est un nombre *pair* (468). La *somme* de *celui-là* et d'un *autre*, c'est-à-dire la *somme* de 3 d'entre eux (nombre *impair*) est un nombre *im-*

pair (469). La *somme* de *celui-là* et d'un *autre*, c'est-à-dire la *somme* de 4 d'entre eux (nombre *pair*) est un nombre *pair*, et ainsi de suite.

Or, on voit bien que lorsque le *nombre* des nombres *impairs* ajoutés ensemble est *pair :* la *somme* est un nombre *pair ;* et que lorsqu'il est *impair :* la *somme* est un nombre *impair*.

472. La *somme* d'autant de nombres qu'on en voudra, les uns *pairs*, les autres *impairs*, soit *séparés* par *espèce*, soit *mêlés*, DOIT ÊTRE, savoir :

1° Si les nombres *impairs* sont en nombre *pair :* le nombre-*somme* DOIT toujours être *pair*.

2° Si les nombres *impairs* sont en nombre *impair :* le nombre-*somme* DOIT toujours être *impair :*

Ce qui est dire que les nombres *pairs* n'ont *aucune influence* sur l'*espèce* du nombre-*somme*.

DÉMONSTRATION. En effet : la *somme* de tous les nombres, dans quelque ordre qu'ils soient *rangés*, est *la même* que la *somme* de tous ceux qui sont *pairs* plus la *somme* de tous ceux qui sont *impairs*.

La *somme* de tous ceux qui sont *pairs*, peu importe *combien* ils sont, est un nombre *pair* [470].

Si tous ceux qui sont *impairs* sont en nombre *pair :* leur *somme* est aussi un nombre *pair* [471] ; or, la *somme* de 2 nombres *pairs* est un nombre *pair*, ce qui justifie le 1°.

Si tous ceux qui sont *impairs* sont en nombre *impair*, leur *somme* est un nombre *impair* [471] ; or la *somme* de 2 nombres, l'un *pair* et l'autre *impair* est un nombre *impair* [469], ce qui justifie le 2°.

Si l'on trouvait pour *somme* un nombre *impair*, dans le *cas* du 1°, et un nombre *pair*, dans le *cas* du 2°, il y aurait donc *certitude* absolue que l'*addition* est *fausse ;* ce qui ne veut pas dire qu'elle serait nécessairement *vraie*, dans le cas contraire, la chose pouvant *être* ou *ne pas être*, l'*addition* pouvant être *fausse* pour d'autres causes.

473. COMMENT, sans connaître les *règles*, ni la TABLE d'*addition*, mais seulement la *numération chiffrée* et les nombres *pairs* et *impairs*, par habitude, PEUT-ON juger, d'un coup d'œil, s'il y a CERTITUDE OU NON que l'*addition* considérable (1) qu'une autre *personne* vient d'effectuer est FAUSSE?

(1) Je dis considérable, parce qu'un *arithméticien* exercé ne se trompe pas, quand il n'a à *ajouter* que peu de nombres, de même que nul ne se trompe en comptant *un, deux, trois...* etc.

Réponse. De la manière la plus facile.

On voit, d'un coup d'œil, si les nombres dont on vient de faire la *somme* sont :

1° Tous *pairs ;* 2° tous *impairs ;* 3° ou bien les uns *pairs* et les autres *impairs.*

1° Sont-ils tous *pairs ?* L'*addition* est *fausse,* si la *somme* est un nombre *impair* [470].

2° Sont-ils tous *impairs ?* On les compte mentalement, c'est-à-dire sans bruit.

Sont-ils en nombre *pair ?* L'*addition* est *fausse,* si la *somme* est un nombre *impair* [471, 1°].

Sont-ils en nombre *impair ?* L'*addition* est *fausse,* si la *somme* est un nombre *pair* [471, 2°].

3° Sont-ils les uns *pairs,* les autres *impairs ?* C'est là le *cas* le plus général.

On *compte* les nombres *impairs* seulement ; et selon qu'ils sont en nombre *pair* ou en nombre *impair,* l'*addition* est *fausse* si la *somme* est comme il vient d'être dit au 2°.

Ainsi : quand le nombre-*somme* n'est pas de l'*espèce voulue* par les nombres dont on a fait la *somme :* il y a CERTITUDE absolue que l'*addition* est *fausse ;* elle n'est donc pas à *vérifier,* mais à *rectifier.*

Quand le nombre-*somme* est de l'*espèce voulue :* il n'y a, au contraire, aucune *certitude,* ni que l'*addition* soit *vraie,* ni qu'elle soit *fausse,* il y a *doute,* attendu qu'elle peut-être *fausse* pour d'autres causes, ainsi que je vais l'expliquer à la remarque suivante.

Comme vous le voyez : une *personne* qui ne connaîtrait aucune des *règles* de l'*arithmétique,* mais seulement les nombres *pairs* et les nombres *impairs,* ce que sait, par habitude, *celui* qui connaît la *numération chiffrée,* peut donc juger d'un coup d'œil, s'il y a *certitude* ou *non* que l'*addition* considérable qu'une autre *personne* vient d'effectuer est *fausse ;* puisque si, en comptant les nombres *impairs,* acte ou personne ne se trompe, on reconnaît que le nombre-*somme* n'est pas de l'*espèce voulue,* la *certitude* que l'*addition* est *fausse* existe, tandis qu'il n'y a pas *certitude* qu'elle soit *vraie,* ni *fausse,* mais *doute,* si le nombre-*somme* est de l'*espèce voulue.*

474. REMARQUE SUR L'ADDITION. — Il importe d'expliquer *pourquoi,* lorsque le nombre-*somme* est de l'*espèce voulue,* ce n'est pas une raison pour *croire* que l'*opération* est *exacte,* attendu, ai-je dit, qu'elle pourrait être *fausse* pour d'autres causes.

1° Supposons que le nombre-*somme* doive être *pair,* et qu'on l'ait trouvé *pair*, parce qu'on sait, par la mémoire, que dans notre *système* de *munération chiffrée*, tout nombre dont le 1er chiffre de *droite* est l'un de ceux 0, 2, 4, 6, 8 est un nombre *pair*. Cela empêche-t-il qu'en *additionnant* la colonne des *unités* simples, on n'ait pu commettre, par exemple, une *erreur* de 2, 4, etc., *unités* en *plus* ou en *moins?* Certainement NON. Or cette *erreur* étant un nombre *pair* n'a aucune *influence* sur l'*espèce* du nombre-*somme* qui est donc *pair* comme si l'*addition* de cette 1re *colonne* avait été exactement faite.

De même : supposons que le nombre-*somme* doive être *impair*, et qu'on l'ait trouvé *impair*, parce qu'on sait que tout nombre dont le 1er chiffre de *droite* est l'un de ceux 1, 3, 5, 7, 9 est un nombre *impair*. Cela empêche-t-il qu'en *additionnant* la colonne des *unités* simples, on n'ait pu commettre aussi, par exemple, une *erreur* de 2, 4,... *unités* en *plus* ou en *moins?* Certainement NON. Or cette *erreur* étant un nombre *pair* n'a non plus aucune *influence* sur l'*espèce* du nombre-*somme* qui est donc *impair* comme si l'*addition* de cette 1re *colonne* avait été exactement faite.

2° Mais il y a plus encore. Supposons que l'*addition* de la colonne des *unités* simples soit *exacte*. Cela empêche-t-il qu'il ne puisse y avoir *erreur* dans l'*addition* de quelqu'une des autres colonnes, des *dizaines*, des *centaines*, etc.? Certainement NON.

De là vient donc que toute personne sensée qui fait une *addition* considérable doit s'assurer le moyen de reconnaître si *chaque colonne* donne pour *somme* un nombre de l'*espèce voulue* pour cette *colonne;* et pour cela faire, elle doit *écrire* en dessus de chacune d'elles, en plus *petits caractères*, la *retenue* que vient de lui fournir la colonne précédente.

L'*addition* étant achevée : on compte les *chiffres impairs* de chaque colonne, y compris la *retenue*, si c'est un nombre *impair*. Le chiffre correspondant de la *somme* doit être *pair*, s'ils sont en nombre *pair*, et *impair*, s'ils sont en nombre *impair*.

Si cela n'est pas, il y a donc *certitude* que l'*addition* de cette colonne est *fausse*, si la *retenue* est *vraie*, ce qu'il faut *vérifier;* car tous les autres chiffres étant *donnés*, l'erreur ne peut provenir que de la *retenue*, puisque nul ne se trompe en comptant les chiffres *impairs;* et elle est *fausse* aussi, si la *retenue vraie* doit être un nombre *impair* différent de celui qui est *écrit*, ce qui est évident.

Mais si la *retenue vraie* doit être un nombre *pair*, et non le nombre *impair* qu'on a écrit : le chiffre de la *somme* sera bien de l'*espèce voulue* pour la colonne, après que la *retenue* aura été *rectifiée*, mais sera-t-il le *chiffre voulu* de *cette espèce ?*

Si le chiffre *écrit* au-dessous de *chaque colonne* est de l'*espèce voulue* pour *cette colonne :* il est *probable* que l'*addition* est *exacte*, mais il n'y a aucune *certitude* que cela est, par la raison dite au 1° : l'*arithmétique* n'apprenant pas à *calculer* juste, mais seulement à *raisonner* juste. Raisonner juste c'est faire de la *logique*, tandis que *calculer* juste, c'est appliquer, *sans erreur*, les *règles* propres aux *calculs*, acte pour lequel un esprit fatigué par une longue *opération* peut trouver *parfois* la mémoire infidèle, car la raison est toujours présente et la mémoire non.

Et puisque chacun des *chiffres* du nombre-*somme* fût-il de l'*espèce voulue* par les chiffres de la *colonne* à laquelle il *correspond*, y compris la *retenue*, ce ne serait pas une raison pour *croire* que l'*addition* considérable et fatigante que l'on vient d'effectuer est exempte d'*erreur*, il faut voir, pour avoir confiance en elle, si on trouve le *même* nombre-*somme* en opérant d'une autre manière. Mais quelle sera cette autre manière ?

En général, on enseigne d'*ajouter* les nombres de *bas* en *haut*. Mais dût-on *retrouver* ainsi le *même* nombre qu'en les *ajoutant* du *haut* en *bas*, ce ne serait pas, à mon avis, une garantie suffisante, car des causes analogues à celles qui auraient pu produire une *erreur* en *ajoutant* du *haut* en *bas*, pourraient bien produire la *même erreur* en *ajoutant* de *bas* en *haut;* on n'aurait donc encore qu'une *presque certitude*, car la *certitude*, en pareille matière, a plusieurs *degrés*.

Pour augmenter le *degré* de la *certitude*, il faut opérer ainsi :

Les nombres à *ajouter* ensemble étant a, b, c, d,... etc , il faut n'en *ajouter* que 2 à la fois.

On ajoute donc les 2 *premiers* a et b; puis le nombre-*somme* avec celui c; puis le nouveau nombre-*somme* avec celui d, et ainsi de suite jusqu'au *dernier* nombre.

Si l'on *retrouve* ainsi le nombre déjà *trouvé*, il y a *certitude morale* que le nombre trouvé pour *somme* est le *vrai*. Pourquoi cela? Parce qu'un *arithméticien* exercé ne se trompe pas en ajoutant ensemble 2 nombres *seulement*, opération où la *retenue*, quand il y en a une, est toujours de 1

C'est à ce point qu'on pourrait même se borner à cette seule manière d'effectuer une *addition* considérable, car la *certitude morale* existerait également.

Sans doute, en opérant ainsi, on fait autant d'ADDITIONS, *moins* une, qu'il y a de nombres à ajouter ensemble, 19 *additions*, s'il y a 20 nombres, mais il faut OPTER :

Ajouter tous les nombres ensemble par une seule *addition*, c'est *gagner* du *temps* aux dépens du *degré* de *certitude*.

N'ajouter que 2 nombres ensemble, c'est se donner la *certitude morale* aux dépens du *temps*, chacun est donc juge en pareille matière à ses *risques* et *périls*.

Quant à la *certitude absolue* qu'une telle *addition* est vraie, elle ne peut exister, encore une fois, dans les *opérations* de l'*arithmétique*, puisqu'elles s'effectuent à l'aide de la mémoire, faculté très-fragile. La *certitude absolue* n'existe que dans la *logique*.

Ainsi : s'il est vrai que $458 + 763 = 1221$: il y a *certitude logique* que $1221 - 458 = 763$, et que $1221 - 763 = 458$; mais remarquez que ce n'est là qu'une *certitude logique conditionnelle*, car si la 1re *équivalence* était *fausse*, les 2 autres seraient *fausses* comme elle.

Pour le *principe* de l'*espèce*, au contraire : dans la *somme* de plusieurs nombres, il y a *certitude logique absolue*, que l'*addition* est FAUSSE, dans les *cas* qui viennent d'être résumés au n° 473, et nous allons voir qu'il en est de même pour la *soustraction*, la *multiplication* et la *division* PAR et EN.

475. POURQUOI est-il de la plus haute importance de connaître le *principe* que, dans toute *addition*, le nombre-*somme* doit être de l'*espèce voulue* par les nombres qu'on a ajoutés ensemble?

RÉPONSE. Parce que, si *celui* qui ne connaît pas ce *principe fondamental*, et le nombre de ces personnes est très-grand, puisque, chose incroyable, ce *principe* est formulé aujourd'hui pour la 1re fois : si *celui-là*, dis-je, a trouvé un nombre-*somme* qui n'est pas de l'*espèce voulue*, ce qu'il ignore, vérifie l'*addition*, soit en la recommençant, soit en ajoutant les nombres de *bas* en *haut*, et vient *par hasard* à *retrouver* le *même* nombre, il CROIRA son *addition exacte*, alors qu'il y a *certitude logique absolue* qu'elle est FAUSSE.

Comme vous voyez, la connaissance du *principe* de *l'espèce* a une haute valeur, et il est fort singulier qu'aucun *auteur* d'*arithmétique* ne l'ait signalé.

476. Quant à la SOUSTRACTION. — Si d'un nombre PAIR a, on *retranche* un nombre PAIR b *plus petit* que lui : le *reste* DOIT toujours être un nombre PAIR.

Ou, ce qui est dire la même chose en d'autres mots :

2

La DIFFÉRENCE entre 2 nombres PAIRS *inégaux* ou *différents* est toujours un nombre PAIR.

DÉMONSTRATION. En effet : si, d'un nombre donné a, *pair* ou *impair*, on *retranche* un nombre donné b *plus petit* que lui, on trouve pour *reste* un certain nombre c

Donc : si à ce nombre c, on *ajoute* ensuite le nombre b, on doit *retrouver* pour *somme* le même nombre a ; c'est là une notion du *sens commun*, puisqu'en *ajoutant* au *reste* le nombre qu'on a *retranché*, on rétablit évidemment le grand nombre *tel qu'il était*. Chacun peut vérifier ce *fait* sur des nombres concrets *naturels*, sur des nombres de *marrons*, par exemple.

Donc : il est vrai de dire que du moment que l'*équivalence* $a - b = c$ est *vraie*, celle $a = c + b$ est nécessairement *vraie* aussi.

Cela étant : lorsque a et b sont des nombres *pairs*, le *reste* c doit être *pair* et non *impair*, attendu que le nombre *pair* a ne peut être la *somme* de 2 nombres, l'un *impair* c et l'autre *pair* b [469].

De là suit donc : que si, lorsque les 2 nombres a et b sont *pairs*, on trouvait pour *reste* un nombe *impair*, il y aurait *certitude* absolue que la *soustraction* est *fausse ;* mais cela ne veut pas dire qu'elle serait nécessairement *vraie*, si le *reste* était un nombre *pair*, la chose pouvant *être* ou *ne pas être*, attendu que la *soustraction* pourrait être *fausse* pour d'autres causes, si le *calculateur* était un *enfant* qui n'est pas encore ferme sur la *soustraction*, un *arithméticien* exercé ne se trompant jamais pour cette *opération* (1).

477. Si d'un nombre IMPAIR a, on *retranche* un nombre IMPAIR b *plus petit* que lui : le *reste* DOIT toujours être aussi un nombre PAIR.

Ou, ce qui est dire la même chose en d'autres mots :

La *différence* entre 2 nombres IMPAIRS inégaux ou différents est toujours un nombre PAIR.

DÉMONSTRATION. En effet : nous venons de voir que de $a - b = c$, on déduit $a = c + b$.

Or a et b étant des nombres *impairs*, le *reste* c doit être *pair* et non *impair*, attendu que le nombre *impair* a ne peut être la *somme* de 2 nombres, l'un *impair* c et l'auteur *impair* b [468].

De là suit donc : que si l'on trouvait pour *reste* un nombre *impair*, il y aurait *certitude* absolue que la *soustraction* est *fausse*. Mais cela ne veut pas dire qu'elle serait nécessairement *vraie*, si le *reste* était un nombre *pair*, la chose pouvant *être* ou *ne pas être*, at-

____

(1) Voir la remarque sur la *Soustraction*, n° 479.

tendu que la *soustraction* pourrait être *fausse* pour d'autres causes, pour la raison dite au n° précédent.

478. 1° Si d'un nombre PAIR a, on *retranche* un nombre IMPAIR b *plus petit* que lui ;

2° Ou si, d'un nombre IMPAIR a, on *retranche* un nombre PAIR b *plus petit* que lui : le *reste* DOIT toujours être un nombre IMPAIR.

Ou, ce qui est la même chose en d'autres mots :

La *différence* entre 2 nombres, l'un *pair*, et l'autre *impair* DOIT toujours être un nombre *impair* (1).

DÉMONSTRATION. En effet : de $a - b = c$, on déduit $a = c + b$.

1° Si a est *pair* et b *impair* : c doit être *impair* et non *pair*, car un nombre *pair* a ne peut être la *somme* d'un nombre *pair* c et d'un nombre *impair* b [469].

2° Si a est *impair* et b *pair :* c doit être un nombre *impair* et non *pair*, car un nombre *impair* a ne peut être la *somme* de 2 nombres *pairs* c et b [468].

De là suit donc : que si dans les 2 *cas*, on trouvait pour *reste* un nombre *pair*, il y aurait *certitude* absolue que la *soustraction* est *fausse*. Mais cela ne veut pas dire qu'elle serait nécessairement *vraie*, si l'on trouvait pour *reste* un nombre *impair*, cela pouvant *être* ou *ne pas être*, attendu qu'elle pourrait être *fausse* pour d'autres causes, pour la raison dite aux 2 n°s précédents.

479. REMARQUE importante sur la SOUSTRACTION. — Dans la *soustraction :* comme il n'y a que 2 nombres, il n'y a pas d'*erreur possible* pour un *arithméticien* exercé, ni quant à l'*espèce* du nombre *reste*, ni quant au nombre *voulu* de cette *espèce :*

Quant à l'*espèce :* puisqu'elle dépend du 1er *chiffre* de *droite* de chacun des 2 nombres ; or l'esprit qui *débute* n'étant pas fatigué ne se trompe pas.

Quant au nombre *voulu* de cette *espèce :* il n'y a à *retrancher* qu'un nombre d'*un seul chiffre* d'un nombre d'*un seul chiffre égal, plus grand*, ou *plus petit* que lui. Est-il *égal* ou *plus grand?* L'*erreur* n'est *possible* que pour des enfants. Est-il *plus petit?* On n'a qu'à *retrancher* un nombre d'*un seul chiffre* d'un nombre de 2 *chiffres*, de 18 au plus, à cause de l'*emprunt* fait au *chiffre* précédent ; et comme la *retenue* est toujours de 1, l'*erreur* n'est pas possible, ou serait facilement reconnue en *ajoutant* le *reste* avec le *petit nombre*, si elle avait été commise par *distraction ;* car la *soustraction*, comme l'*ad-*

____

(1) Puisque ces 2 nombres étant *différents* sont *inégaux*.

dition de 2 nombres seulement, ne cause aucune fatigue à l'esprit.

Pour la *soustraction*, il n'y a donc pas *possibilité* de prendre en *défaut* un arithméticien exercé qui ne connaît pas le *principe fondamental* de l'*espèce*, puisque personne ne se trompe pour faire une *soustraction*.

480. Si d'un nombre PAIR a, on peut *retrancher* successivement plusieurs nombres PAIRS : le dernier *reste* DOIT être ZÉRO ou un nombre PAIR.

DÉMONSTRATION. — En effet : *retrancher* chacun des nombres *successivement* revient au même que retrancher leur *somme*.

Si cette *somme*, qui est un nombre *pair* [470], est justement celui a : le dernier *reste* des *soustractions* successives doit donc être *zéro* comme le *reste* de la soustraction de la *somme*, puisque a — a = 0, *zéro* (1).

Si cette *somme* est un nombre *pair* b, *plus petit* que celui a, car il ne peut être *plus grand*, puisque toutes les *soustractions* sont possibles, le *reste* de a — b ou c, qui est le *même* que le *dernier reste* des *soustractions* successives, doit être un nombre *pair* [476].

De là suit donc que, si l'on trouvait pour *reste* un nombre *impair*, il y aurait *certitude* absolue que l'*opération* est *fausse*. Mais cela ne veut pas dire qu'elle serait nécessairement *vraie*, si l'on trouvait pour reste *zéro* ou un nombre *pair*, la chose pouvant *être* ou *ne pas être*, attendu qu'elle pourrait être *fausse* pour d'autres causes.

Il est utile de remarquer, en passant, que cette *proposition* peut s'énoncer aussi de cette manière :

TOUTES LES FOIS qu'une expression à *plusieurs termes* a — b — c — d —, etc., tous à *signe* —, à l'exception du premier qui est toujours à *signe* +, a un SENS, les nombres étant tous PAIRS : sa *valeur* DOIT être ZÉRO ou un nombre PAIR.

481. Si d'un nombre IMPAIR a, on peut *retrancher* successivement plusieurs nombres IMPAIRS : selon que les nombres IMPAIRS à *retrancher* seront en nombre PAIR ou en nombre IMPAIR, le *dernier reste* devra être, savoir :

1° Sont-ils en nombre PAIR ? Le *dernier reste* DOIT être toujours un nombre IMPAIR.

---

(1) La lettre o ayant un sens *déterminé*, puisque ce *chiffre* dit *zéro* signifie *rien*, ne doit jamais être *employée* dans le *langage algébrique* pour tenir la place d'un nombre quelconque, il y aurait *confusion*.

2° Sont-ils en nombre IMPAIR ? Le *dernier reste* DOIT être ZÉRO ou un nombre PAIR.

DÉMONSTRATION. — En effet : dans le *cas* du 1°, leur *somme* est un nombre *pair* b [471, 1°], lequel doit être *plus petit* que le nombre *impair* a , puisque toutes les *soustractions* sont possibles. Or, le *reste* de a — b ou c est alors un nombre *impair* [478, 2°], ce qui justifie le 1° ci-dessus.

Dans le *cas* du 2°, leur *somme* est un nombre *impair* [471, 2°], lequel peut être le nombre *impair* a lui-même, ou bien un nombre *impair* b *plus petit*. Or, le *reste* de a — a est *zéro*, et le *reste* de a — b ou c est un nombre *pair* [477], ce qui justifie le 2° ci-dessus.

De là suit donc : que si on ne trouvait pas pour *reste zéro* ou un nombre *pair*, dans le *cas* du 2°, et un nombre *impair*, dans le *cas* du 1°, il y aurait *certitude* absolue que l'*opération* est *fausse*. Mais cela ne veut pas dire qu'elle serait nécesairement *vraie*, dans le cas contraire, la chose pouvant *être* ou *ne pas être*, la *soustraction* pouvant être *fausse* pour d'autres causes.

Remarquons, en passant, que cette *proposition* peut s'énoncer aussi de cette manière :

TOUTES LES FOIS que l'expression à plusieurs *termes*, a — b — c — d —, etc. (la suite comme au numéro précédent, en y remplaçant le mot *pair* par celui *impair*) a un SENS : sa *valeur* DOIT être un nombre *impair*, si les nombres *impairs* sont en nombre *pair*, et *zéro* ou un nombre *pair*, s'ils sont en nombre *impair*.

La *proposition* pour les nombres *impairs* est, comme on voit, plus complexe que la précédente pour les nombres *pairs*, parce que la *somme* de plusieurs nombres *pairs* n'offre qu'un seul *cas*, puisqu'elle est toujours un nombre *pair*, en quelque nombre qu'ils soient, tandis que la *somme* de plusieurs nombres *impairs* offre 2 *cas* [471].

482. Si d'un nombre IMPAIR a, on peut *retrancher* successivement plusieurs nombres PAIRS, le *dernier reste* DOIT toujours être un nombre IMPAIR.

Cela résulte du n° 478, 2°, puisque tous les *restes* doivent être *impairs*, par la même raison que le premier *reste*.

De là suit donc : que si, en faisant la *somme* des nombres *pairs*, laquelle doit être un nombre *pair* b [470] *plus petit* que le nombre *impair* a, puisque toutes les *soustractions* sont possibles, on ne trouvait pas pour *reste* de a — b ou c un nombre *impair*, il y aurait *certitude* absolue que l'*opération* est *fausse*. Mais cela ne veut pas dire qu'elle serait nécessairement *vraie*, dans le cas contraire, la chose pouvant *être* ou *ne pas être*.

Cette *proposition* peut s'énoncer aussi de cette manière :

TOUTES LES FOIS qu'une expression à *plusieurs termes*, a — b — c — d —, etc. (la suite comme au numéro précédent, sauf qu'ici le premier *terme* a est seul *impair*), a un SENS : sa *valeur* DOIT être un nombre IMPAIR.

483. Si d'un nombre PAIR a, on peut *retrancher* successivement plusieurs nombres IMPAIRS : selon que les nombres IMPAIRS à *retrancher* seront en nombre PAIR ou en nombre IMPAIR, le *dernier reste* devra être, savoir :

1° Sont-ils en nombre PAIR ? Le *dernier reste* DOIT être ZÉRO ou un nombre PAIR.

2° Sont-ils en nombre IMPAIR ? Le *dernier reste* DOIT être un nombre IMPAIR.

DÉMONSTRATION. En effet : dans le *cas* du 1°, leur *somme* est un nombre *pair* (471, 1°), lequel peut être celui a ou un nombre b *plus petit* que celui a; or, le reste de a — a est *zéro*, et le *reste* de a — b est un nombre *pair* c (476), ce qui justifie le 1° ci-dessus.

Dans le *cas* du 2° : leur *somme* est un nombre *impair* (471, 2°), lequel est un nombre b *plus petit* que celui a, puisque toutes les *soustractions* sont possibles. Or le *reste* de a — b est un nombre *impair* c (478, 1°), ce qui justifie le 2° ci-dessus.

De là suit donc : que si l'on ne trouvait pas un *reste* tel qu'il est dit au 1° et au 2° ci-dessus, il y aurait *certitude* absolue que l'*opération* est *fausse*. Mais cela ne veut pas dire qu'elle serait nécessairement *vraie*, si on le trouvait *tel* qu'il est dit, attendu que l'*opération* pourrait être *fausse* pour d'autres causes.

Cette proposition peut s'énoncer aussi de cette manière :

TOUTES LES FOIS qu'une expression à *plusieurs termes* a — b — c — d, etc. (la suite comme au n° précédent, sauf qu'ici le 1er *terme* a est seul un nombre *pair*), : sa *valeur* doit être comme il est dit au 1° et au 2° ci-dessus.

484. TOUTES LES FOIS qu'une expression à *plusieurs termes* à *signes* + et —, autant qu'on en voudra, soit *séparés* par *espèce* de *signes*, soit *mêlés*, et formée de nombres tous PAIRS ou tous IMPAIRS, a un SENS (1) : sa *valeur* doit être, savoir :

____

(1) Dans les 4 *propositions* précédentes, de 420 à 423, il y a sans doute des *termes* à *signe* + et des *termes* à *signe* —, puisque le 1er *terme* est toujours à

1° Sont-ils tous PAIRS ? Sa *valeur* DOIT être ZÉRO ou un nombre PAIR comme au n° 480.

2° Sont-ils tous IMPAIRS ? Sa *valeur* DOIT être celle dite au n° 481, si les nombres à *signe* + sont en nombre IMPAIR ; et au n° 483, s'ils sont en nombre PAIR.

DÉMONSTRATION. En effet : Puisque l'expression a un *sens*, parce que toutes les *soustractions* sont possibles à la *place même* où elles sont indiquées : on a le *droit*, s'ils ne sont pas *séparés* par espèce, de mettre à la *gauche* tous les *termes* à *signe* + pour les remplacer par leur *nombre-somme* a, qui est alors *suivi* de tous ceux à signe —.

Cela posé : dans le *cas* du 1°, ce *nombre-somme* a étant un nombre *pair* (470) *suivi* de plusieurs nombres à *signe* —, tous *pairs* : la SITUATION est *la même* qu'au n° 480, de sorte que la *valeur* de l'expression doit être *zéro* ou un nombre *pair*, ce qui justifie le 1° ci-dessus.

Dans le *cas* du 2° : ce *nombre-somme* a étant un nombre *impair* ou *pair* (471) *suivi* de plusieurs nombres à *signe* —, tous *impairs* : la SITUATION est *la même* qu'au n° 481 ou au n° 483, de sorte que la *valeur* de l'expression doit être celle qui est dite à ces n^{os}, où on peut la lire.

De là suit donc : que si on ne trouvait pas la *valeur* de l'expression, TELLE qu'il est dit au 1° et au 2° ci-dessus, il y aurait *certitude* absolue que l'*opération* est *fausse*, ce qui ne veut pas dire..... la suite comme au n° précédent.

Rappelons ici qu'à l'égard d'une expression comme celle dont il s'agit actuellement, il existe une foule d'*exemples* particuliers pour lesquels, sur le vu de l'expression elle-même, on juge de suite qu'elle a un *sens*.

Si elle était TELLE qu'on fût dans le *doute* sur ce point capital, on n'aurait pas le DROIT de *réunir* tous les nombres à *signe* + sur la *gauche*. Dans ce *cas*, après avoir *résumé* tous ceux à *signe* + qui se *suivent* par *un seul*, et tous ceux à *signe* — qui se *suivent* par *un seul*, ce qui donne une expression *équivalente* dont tous les *termes* sont *alternativement* à *signe* + et à *signe* — ; si on était encore dans le *doute* à l'égard de *celle-là*, il faudrait effectuer les *soustractions* dans l'ordre même où elles sont indiquées.

Si elles n'étaient pas toutes *possibles* : l'expression donnée serait un *non-sens*, et il n'y aurait pas lieu de s'occuper d'elle.

---

signe + ; mais c'est là le seul, tandis qu'ici, il y en a à *signe* + autant qu'on en voudra ; seulement les nombres sont tous *pairs* ou tous *impairs*.

Si elles étaient toutes *possibles :* la *valeur* de l'expression devrait être TELLE qu'il est dit au 1° et au 2° ci-dessus ; sinon il y aurait *certitude* absolue que l'*opération* est *fausse*, ce qui ne veut pas dire..., etc.

485. TOUTES LES FOIS qu'une expression à *plusieurs termes* à *signe* + et à *signe* —, TELLE qu'il est dit au n° précédent, sauf que les nombres sont maintenant PAIRS et IMPAIRS, a un SENS : COMMENT reconnaît-on qu'elle DOIT avoir pour *valeur* ZÉRO ou un nombre PAIR, ou bien un nombre IMPAIR ?

Avant de répondre à cette *question*, il importe de remarquer qu'ici les *signes* des 2 *espèces* + et —, et les nombres des 2 *espèces*, *pairs* et *impairs*, compliquent la *situation* à un tel point qu'il serait *diffus* de faire de la *valeur* de l'expression l'objet d'une *proposition* ou *affirmation* comme je l'ai fait pour les *précédentes*, tandis qu'il est plus *clair* et plus *bref* d'en faire l'objet d'une *question*, comme on pourrait le faire des *précédentes* elles-mêmes. Cela dit, voici la *Règle* qui répond à la *Question.*

RÈGLE. Il faut *compter* tous les nombres IMPAIRS, sans égard à leur *signe.*

1° Sont-ils en nombre PAIR ? La *valeur* de l'expression DOIT être ZÉRO ou un nombre PAIR.

2° Sont-ils en nombre IMPAIR ? Sa *valeur* DOIT être un nombre IMPAIR.

De là suit donc : que si l'on trouvait pour sa *valeur* un nombre *impair*, dans le *cas* du 1°, et *zéro* ou un nombre *pair*, dans le *cas* du 2°, il y aurait *certitude* absolue que l'*opération* est *fausse*, ce qui ne veut pas dire....., etc., la suite comme au n° précédent.

Comme on voit, la *règle* est des plus simples ; mais il ne suffit pas de l'*affirmer*, il faut aussi la *justifier* (1).

DÉMONSTRATION. En effet : Puisqu'on sait que l'expression donnée a un *sens :* si les termes à signe + et — n'y sont pas *séparés* par *espèces* de *signes*, on a le *droit* de le faire, en réunissant sur la *gauche* tous ceux à *signe* +, ce qui met tous ceux à *signe* — sur la *droite* ; et alors l'*exemple particulier* que l'on considère est nécessairement compris dans l'un des 4 *cas* suivants qui eu font 7 *en réalité*, puisque chacun des 3 *premiers* en contient 2 (2).

(1) On va voir que cette *règle* si simple à *énoncer* est des plus longues à *démontrer*.

(2) Il y en aurait 9, si, dans l'intérêt de la clarté des idées, je n'avais pas fait une *proposition* particulière (la précédente) pour le *cas* où les nombres sont tous *pairs* ou tous *impairs*.

1er CAS. Ou bien tous ceux à *signe* + sont des nombres *pairs*, et ceux à *signe* — sont : 1° des nombres *impairs* ; 2° des nombres *pairs* et *impairs* (1).

Ceux à *signe* + ont donc alors pour *somme* un nombre *pair* a [470].

Le 1° de ce *cas* a-t-il lieu ? On se trouve dans la situation du n° 483. La *valeur* de l'expression doit donc être *zéro* ou un nombre *pair*, si les nombres *impairs* à *signe* — sont en nombre *pair* (483, 1°).

Or, c'est bien là ce qui est *affirmé* au 1° de la *Règle* ci-dessus, puisque tous les nombres *impairs* sont en nombre *pair*.

Et elle doit être un nombre *impair*, s'ils sont en nombre impair (483, 2°).

Or c'est bien là ce qui est *affirmé* au 2° de la *Règle* ci-dessus.

Le 2° de ce *cas* a-t-il lieu ? La *somme* de tous les nombres *pairs* et *impairs* à *signe* — doit être un nombre *pair* ou *impair* [472].

Est-elle un nombre *pair*, parce que les nombres *impairs* sont en nombre *pair* (472, 1°)? Ce nombre *pair* peut être *égal* à celui a ou être un nombre b *plus petit* que celui a, puisque l'expression a un *sens*.

L'expression donnée revient alors à celle a — a ou à celle a — b ; sa *valeur* doit donc être *zéro* ou un nombre *pair* [476].

Or, c'est bien là ce qui est *affirmé* au 2° de la *Règle* ci-dessus, puisque tous les nombres *impairs* sont en nombre *pair*.

Est-elle un nombre *impair* b, parce que les nombres *impairs* sont en nombre *impair* [472, 2°]? Ce nombre *impair* b étant *plus petit* que le nombre *pair* a, puisque l'expression donnée a un *sens* : la valeur de a — b doit être un nombre *impair* [478, 1°].

Or, c'est bien là ce qui est *affirmé* au 2° de la *Règle* ci-dessus, puisque tous les nombres *impairs* sont en nombre *impair*.

2° CAS. Ou bien tous ceux à *signe* + sont des nombres *impairs*, et ceux à *signe* — sont : 1° des nombres *pairs*, 2° des nombres *pairs* et *impairs* (2).

Ceux à *signe* + ont donc alors pour *somme* un nombre a *pair* ou *impair* [471].

Leur *nombre-somme* a est-il *pair*, parce que tous les nombres *impairs* à *signe* + sont en nombre *pair* (471, 1°)?

---

(1) Car lorsque les nombres à *signe* — sont tous *pairs* comme ceux à *signe* +, c'est la *proposition* n° 484.

(2) Car, lorsque les nombres à *signe* — sont tous *impairs* comme ceux à *signe* +, c'est la *proposition* du n° 484.

Si le 1° de ce 2ᵉ *cas* a lieu : on se trouve dans la *situation* du n° 480, et la *valeur* de l'expression donnée qui est alors celle de a — a ou de a — b est donc *zéro* ou un nombre *pair*.

Or, c'est bien là ce qui est *affirmé* au 1° de la *règle* ci-dessus, puisque les nombres à *signe* + sont les seuls *impairs*, et qu'ils sont supposés en nombre *pair*.

Si, au contraire, le 2° de ce 2ᵉ *cas* à lieu : la *somme* de tous les nombres *pairs* et *impairs* à *signe* — est un nombre *pair* ou *impair* [472].

Est-elle un nombre *pair* a où b, parce que les nombres *impairs* à *signe* — sont en nombre *pair* (472, 1°) comme *ceux* à *signe* + ?

Dans ce *cas* où tous les nombres *impairs* à *signe* + et à *signe* — sont ensemble en nombre *pair* (468) : la *valeur* de l'expression donnée qui est alors celle de a — a ou de a — b est donc *zéro* ou un nombre *pair* [476].

Or, c'est bien là ce qui est *affirmé* au 1° de la *règle* ci-dessus.

Est-elle, au contraire, un nombre *impair* b, parce que tous les nombres *impairs* à *signe* — sont en nombre *impair* [472, 2°] ?

Dans ce *cas* où tous les nombres *impairs* à *signe* + et à *signe* — sont ensemble en nombre *impair* (469) : la *valeur* de l'expression onnée qui est alors celle de a — b est donc un nombre *impair* [478, 1°].

Or, c'est bien là ce qui est *affirmé* au 2° de la *règle* ci-dessus.

Leur *nombre-somme* a est-il, au contraire, un nombre *impair*, parce que tous les nombres *impairs* à *signe* + sont en nombre *impair* [471, 2°] ?

Si le 1° de ce 2° *cas* a lieu : on se trouve dans la *situation* du n° 482, et la *valeur* de l'expression donnée qui est alors celle de a — b, le nombre *pair* b étant *plus petit* que le nombre *impair* a, est donc alors un nombre *impair*.

Or, c'est bien là ce qui est *affirmé* au 2° de la *règle* ci-deseus, puisque les nombres à *signe* + sont les seuls *impairs*, et qu'ils sont supposés en nombre *impair*.

Si, au contraire, le 2° de ce 2ᵉ *cas* a lieu : la *somme* de tous les nombres *pairs* et *impairs* à *signe* — est un nombre *pair* ou *impair* [472].

Est-elle un nombre *pair* b, parce que les nombres *impairs* à *signe* — sont en nombre *pair* [472, 1°] ?

Dans ce cas où tous les nombres *impairs* à *signe* + et à *signe* — sont ensemble en nombre *impair* (469) : la *valeur* de l'expression donnée qui est celle de a — b est donc un nombre *impair* [478, 2°].

Or, c'est bien là ce qui est *affirmé* au 2° de la *règle* ci-dessus.

Est-elle, au contraire, un nombre *impair* a ou b, parce que les nombres *impairs* à *signe* — sont en nombre *impair* (468) comme les nombres *impairs* à *signe* + ? dans ce *cas* où tous les nombres *impairs* à *signe* + et à *signe* — sont ensemble en nombre *pair* (468) : la *valeur* de l'expression donnée qui est celle de a — a ou de a — b est donc *zéro* ou un nombre *pair* (477).

Or, c'est bien là ce qui est *affirmé* au 1° de la *règle* ci-dessus.

3ᵉ CAS. Ou bien ceux à *signe* + sont des nombres *pairs* et *impairs*, et ceux à *signe* — sont : 1° tous des nombres *pairs*, 2° tous des nombres *impairs*.

La *somme* de tous les nombres à *signe* + est donc alors un nombre *pair* ou *impair* a [472].

Leur *nombre-somme* a est-il *pair*, parce que les nombres *impairs* à *signe* + sont en nombre *pair* [472, 1°]?

Si le 1° de ce 3ᵉ *cas* a lieu : on se trouve dans la *situation* du n° 480, et la *valeur* de l'expression donnée qui est alors celle de a — a ou de a — b est donc *zéro* ou un nombre *pair*.

Or, c'est bien là ce qui est *affirmé* au 1° de la *règle* ci-dessus.

Si, au contraire, le 2° de ce 3ᵉ *cas* a lieu : on se trouve dans la *situation* du n° 483

Alors : si les nombres *impairs* à *signe* — sont en nombre *pair* comme les nombres *impairs* à *signe* +, auquel *cas* tous les nombres *impairs* à *signe* + et à *signe* — sont ensemble en nombre *pair* : la *valeur* de l'expression donnée qui est celle de a — a ou de a — b doit être *zéro* ou un nombre *pair* (483, 1°).

Or, c'est bien là ce qui est *affirmé* au 1° de la *règle* ci-dessus.

Si, au contraire, les nombres *impairs* à *signe* — sont en nombre *impair*, auquel *cas* tous les nombres *impairs* à *signe* + et à *signe* — sont ensemble en nombre *impair* (469) : la *valeur* de l'expression donnée, qui est alors celle de a — b, doit être un nombre *impair* (483, 2°).

Or, c'est bien là ce qui est *affirmé* au 2° de la *règle* ci-dessus.

Leur nombre-*somme* a est-il, au contraire, un nombre *impair*, parce que les nombres *impairs* à *signe* + sont en nombre *impair* (472, 2°)?

Si le 1° de ce 3ᵉ *cas* a lieu : on se trouve dans la *situation* du n° 482, et la *valeur* de l'expression donnée, qui est alors celle de a — b, doit donc être un nombre *impair*.

Or, c'est bien là ce qui est *affirmé* au 2° de la *règle* ci-dessus, puisque les nombres à *signe* + sont les seuls *impairs*, et qu'ils sont supposés en nombre *impair*.

Si le 2° de ce 3ᵉ *cas* a lieu : on se trouve dans la *situation* du n° 481.

Alors : si tous les nombres *impairs* à *signe* — sont en nombre *pair*, auquel *cas* tous les nombres *impairs* à signe + et à *signe* — sont ensemble en nombre *impair* (469) : la *valeur* de l'expression donnée, qui est alors celle de a — b, doit être un nombre *impair* (481, 1°).

Or, c'est bien là ce qui est *affirmé* au 2° de la *règle* ci-dessus.

Si, au contraire, tous les nombres *impairs* à *signe* — sont en nombre *impair* comme *ceux* à *signe* +, auquel *cas* tous les nombres *impairs* à *signe* + et à *signe* — sont ensemble en nombre *pair* (468) : la *valeur* de l'expression donnée qui est celle de a — a ou de a — b doit être *zéro* ou un nombre *pair* (481, 2°).

Or, c'est bien là ce qui est *affirmé* au 1° de la *règle* ci-dessus.

4ᵉ CAS. Ou bien tous ceux à *signe* + sont des nombres *pairs* et *impairs*, et tous ceux à *signe* — aussi.

Tous les nombres *impairs* à *signe* + et à *signe* — ensemble sont-ils en nombre *pair?*

Si ceux à *signe* + sont en nombre *pair*, ceux à *signe* — le sont aussi (468).

Alors : la *somme* de tous les nombres *pairs* et *impairs* à *signe* + est un nombre *pair* a (472, 1°).

Et par la même raison : la *somme* de tous les nombres *pairs* et *impairs* à *signe* — est ce même nombre *pair* a, ou un nombre *pair* b *plus petit* que a, puisque l'expression donnée a un *sens*.

L'expression donnée a donc pour *valeur* a — a ou a — b, c'est-à-dire *zéro* ou un nombre *pair* (476).

Or, c'est bien là ce qui est *affirmé* au 1° de la *règle* ci-dessus, puisque tous les nombres *impairs* sont en nombre *pair*.

Si, au contraire, ceux à *signe* + sont en nombre *impair*, ceux à *signe* — le sont aussi (468).

Alors : la *somme* de tous les nombres *pairs* et *impairs* à *signe* + est un nombre *impair* a (472, 2°).

Et par la même raison : la *somme* de tous les nombres *pairs* et *impairs* à *signe* — est ce même nombre *impair* a ou un nombre *impair* b *plus petit* que a, puisque l'expression donnée a un *sens*.

L'expression donnée a donc alors encore pour *valeur* a — a ou a — b, c'est-à-dire *zéro* ou un nombre *pair* (477).

Or, c'est bien là ce qui est *affirmé* au 1° de la *règle* ci-dessus, puisque tous les nombres *impairs* sont en nombre *pair*.

Tous les nombres *impairs* à *signe* + et à *signe* — ensemble sont-ils en nombre *impair* ?

Si ceux à *signe* + sont en nombre *pair*, ceux à *signe* — sont en nombre *impair* (469).

Alors : la *somme* de tous les nombres *pairs* et *impairs* à *signe* + est un nombre *pair* a (472, 1°).

Et la *somme* de tous les nombres *pairs* et *impairs* à *signe* — est un nombre *impair* b (472, 2°), lequel est *plus petit* que celui a, puisque l'expression donnée a un *sens*.

L'expression donnée a donc alors pour *valeur* a — b, c'est-à-dire un nombre *impair* (478, 1°).

Or, c'est bien là ce qui est *affirmé* au 2° de la *règle* ci-dessus, puisque tous les nombres *impairs* sont en nombre *impair*.

Si, au contraire, ceux à *signe* + sont en nombre *impair*, ceux à *signe* — sont en nombre *pair* (469).

Alors : la *somme* de tous les nombres *pairs* et *impairs* à *signe* + est un nombre *impair* a (472, 2°).

Et la *somme* de tous les nombres *pairs* et *impairs* à *signe* — est un nombre *pair* b (472, 1°), lequel est *plus petit* que celui a, puisque l'expression donnée a un *sens*.

L'expression donnée a donc alors encore pour *valeur* a — b, c'est-à-dire un nombre *impair* (478, 2°).

Or, c'est bien là ce qui est *affirmé* au 2° de la *règle* ci-dessus, puisque tous les nombres *impairs* sont en nombre *impair*.

La *règle* ci-dessus est donc complètement justifiée.

QUARANTE-CINQUIÈME LEÇON.

PROPRIÉTÉS DES NOMBRES PAIRS ET IMPAIRS, QUANT A LA MULTIPLICATION.

SOMMAIRE. — Le *produit* de 2 nombres ou *facteurs*, dont l'un est celui 2, quel que soit l'autre n, DOIT toujours être un nombre PAIR. — Le *produit* de 2 nombres ou *facteurs* a et b, dont l'un est PAIR, quel que soit l'autre, DOIT toujours être un nombre PAIR. — Le *produit* d'autant de nombres ou *facteurs* qu'on en voudra, a, b, c, etc., dont l'un est un nombre PAIR, quels que soient les autres, DOIT toujours être un nombre PAIR. — Le *produit* d'autant de nombres ou *facteurs consécutifs* qu'on en voudra DOIT toujours être un nombre PAIR. — Le *produit* de 2 nombres ou *facteurs* IMPAIRS DOIT toujours être un nombre IMPAIR.— Le *produit* d'autant de nombres ou *facteurs* qu'on en voudra, tous IMPAIRS, DOIT toujours être un nombre IMPAIR. — Tout nombre n qui est un *multiple* de 2 est un nombre PAIR. — La RÉCIPROQUE n'est pas *vraie*, c'est-à-dire que tout nombre PAIR n'est pas un *multiple* de 2 — Tout nombre PAIR n, plus grand que celui 2, est un *multiple* du nombre PAIR 2 — REMARQUE sur la *multiplication*. — CAS SINGULIER d'une *multiplication* dont le *produit* total est VRAI, bien qu'il y ait des *produits partiels* FAUX. — CARACTÈRES auxquels on reconnaît qu'un nombre est PAIR OU IMPAIR, selon que son expression en *chiffres* a pour BASE un nombre PAIR ou pour BASE un nombre IMPAIR. — Dans notre SYSTÈME de *numération chiffrée*, dont la BASE est le nombre PAIR *dix*, à quel CARACTÈRE reconnaît-on qu'un nombre donné par son expression *vulgaire* en *chiffres* est PAIR OU IMPAIR ?

486. Le *produit* de 2 nombres ou facteurs, dont l'un est le nombre PAIR 2, quel que soit l'autre n, PAIR OU IMPAIR, DOIT toujours être un nombre PAIR.

Cela résulte immédiatement de la *définition* des nombres *pairs.* Car, qu'est-ce que le *produit* de 2 nombres, dont l'un est 2 et l'autre n? C'est le nombre exprimé par n $\cdot$ 2 ou par 2 $\cdot$ n

Mais, en vertu du *principe* de l'*intervertissement* des *facteurs*, le nombre exprimé par n $\cdot$ 2 est *le même* que celui exprimé par 2 $\cdot$ n; or 2 $\cdot$ n ou n + n est un nombre *pair*.

487. Le *produit* de 2 nombres ou *facteurs* a et b *plus grands* que 1, et dont l'un est un nombre PAIR, quel que soit l'autre PAIR ou IMPAIR, DOIT toujours être un nombre PAIR.

Cela revient à dire, en d'autres mots, qu'aucun nombre IMPAIR n'est multiple d'un nombre PAIR.

DÉMONSTRATION. En effet : est-ce le nombre b qui est *pair?* Alors a $\cdot$ b, c'est b + b + b +, etc., c'est-à-dire *autant* de *fois* b qu'il y a de nombres 1 dans le nombre a; le *produit* a • b est donc la *somme* de plusieurs nombres *pairs* égaux ou identiques; or la *somme* de plusieurs nombres *pairs*, quels qu'ils soient, est toujours un nombre *pair* (470).

Est-ce le nombre a qui est *pair*, dans a • b? Comme a • b = b • a, et que le *produit* b • a est *pair*, comme nous venons de le voir, le *produit* a • b est donc *pair* aussi.

J'ai dit les 2 nombres a et b, *plus grands* que 1, parce que si l'un d'eux était 1, la chose est évidente. Car si dans a • b, b est 1, a • 1 = a, c'est-à-dire un nombre *pair*, puisque a est supposé *pair*.

Et si a est 1 : 1 • b = b, c'est-à-dire un nombre PAIR, puisque b est supposé PAIR.

Même chose pour le *produit* a • a, lorsque le nombre a est *pair*.

488. Le *produit* d'autant de nombres ou *facteurs* qu'on en voudra, a, b, c, d,....... dont l'un est un nombre PAIR, quels que soient les autres, DOIT toujours être un nombre PAIR.

Cela revient à dire que le *produit* a • b • c • d est PAIR, si l'un de ses *facteurs* est PAIR.

DÉMONSTRATION. En effet : est-ce le *facteur* c qui est *pair*? On peut le mettre à la *gauche*, puisque a • b • c • d = c • a • b • d, en vertu du *principe* de l'*intervertissement*.

Or le *produit* a • b • d est un certain nombre h; donc a • b • c • d = c • h

Mais le *produit* c • h est un nombre *pair*, puisque le *facteur* c est *pair* (487). Donc le *produit* a • b • c • d, qui est *égal* à celui c • h, est aussi un nombre *pair*.

489. Le *produit* d'autant de nombres ou *facteurs consécutifs* qu'on en voudra DOIT toujours être un nombre PAIR.

Cela est évident, puisque 2 nombres *consécutifs* suffisent pour que l'un d'eux soit *pair* [457]; un *tel produit* DOIT donc toujours être un nombre *pair* (488).

490. Le *produit* de 2 nombres ou *facteurs* IMPAIRS, a et b, DOIT toujours être un nombre IMPAIR.

Ou, ce qui est dire...... etc.

Le nombre exprimé par a • b, les 2 nombres a et b étant IMPAIRS, DOIT toujours être un nombre IMPAIR.

Cela résulte de la *proposition* 471, 2°; car a • b = b + b + b. etc., c'est-à-dire autant de fois le nombre *impair* b qu'il y a de nombres 1 dans le nombre *impair* a

Le nombre a • b est donc le même que la *somme* de plusieurs nombres *impairs* identiques, lesquels sont en nombre *impair*; or cette *somme* est un nombre *impair*, peu importe que les nombres *impairs* soient *identiques* ou *non*.

Même chose, pour le produit a · a, lorsque le nombre a est *impair*.

491. Le *produit* d'autant de nombres ou *facteurs* qu'on en voudra, a, b, c, etc., tous IMPAIRS;

Ou ce qui est dire....... etc.

Le nombre exprimé par a · b · c · d, tous ces *facteurs* étant des nombres IMPAIRS, DOIT toujours être un nombre IMPAIR.

Cela résulte du n° précédent. Car le *produit* c · d étant un nombre *impair* : ce *produit* multipliplié par un nombre *impair* b est aussi un nombre *impair*, et ainsi de suite.

492. TOUT nombre n qui est un *multiple* de 2 est un nombre PAIR.

C'est la *proposition* (486), en d'autres mots. Car, puisque le nombre n = h · 2, h étant *plus grand* que 1, du moment qu'il s'agit d'un *multiple* de 2 : ce nombre n est donc le *produit* de 2 *facteurs*, dont l'un est un nombre *pair*, il est donc lui-même un nombre *pair*.

493. La *réciproque* n'est pas *vraie;* c'est-à-dire que TOUT nombre PAIR n'est pas un *multiple* de 2. Cela est évident, puisque le nombre 2 qui est *pair* n'est pas un *multiple* de 2

494. TOUT nombre PAIR n, *plus grand* que celui 2, est un *multiple* du nombre *pair* 2

Cela va devenir évident. Car, puisque ce nombre *pair* n est *plus grand* que celui 2, il existe un certain nombre k *plus grand* que 1, *tel* que n = k + k = 2 · k = k · 2

Et puisque ce nombre n = k · 2, et que ce nombre k est *plus grand* que 1, il est clair que ce nombre n est un *multiple* de 2

On peut dire aussi : puisque le nombre *pair* dont il s'agit est *plus grand* que celui 2, il est compris dans la formule 2 · n + 2 [463]; or 2 · n + 2 = n + 1 + n + 1 = 2 · (n + 1) = (n + 1) · 2

Mais n + 1 est 2 au *moins;* donc le nombre *pair* dont il s'agit est un *multiple* de celui 2

495. Il n'y a pas d'autres *propositions* relatives à la *multiplication;* et il résulte d'elles que si l'on *trouvait* pour le *produit* un nombre *impair*, alors qu'il doit être *pair;* ou bien un nombre *pair*, alors qu'il doit être *impair*, il y aurait *certitude absolue* que l'*opération* est FAUSSE.

Mais cela ne veut pas dire qu'elle serait nécessairement *vraie*, si le *produit* était un nombre de l'*espèce voulue*, car la chose peut

ÊTRE OU NE PAS ÊTRE, l'*opération* pouvant être FAUSSE pour d'autres causes.

496. REMARQUE sur la *multiplication*. — Dans la *multiplication*, l'*erreur*, quant à l'*espèce* du nombre *trouvé* pour le *produit*, n'est pas possible de la part d'un *arithméticien* exercé. Pourquoi cela? Parce que, dans notre *système* de *numération chiffrée*, c'est le chiffre de *droite* du *produit* qui *détermine* l'*espèce* du nombre total. Or, le chiffre de *droite* du *produit* dépendant du 1ᵉʳ chiffre de *droite* du *multiplicande* et du *multiplicateur*, et étant *trouvé* dès le *début* de l'*opération* où l'esprit n'est pas fatigué, est toujours le chiffre *vrai*, c'est-à-dire non-seulement celui de l'*espèce voulue*, mais aussi le chiffre *voulu* de *cette espèce*.

Dans une *multiplication*, quelque considérable qu'elle soit, le DOUTE ne peut donc *exister* que pour les autres *chiffres* du *produit*. Pour *amoindrir* le *doute* : si l'on a trouvé a · b = c, il faut *diviser* le nombre *produit* c PAR l'un des 2 *facteurs* de la *multiplication*, PAR celui a, par exemple.

Si la *division* se fait exactement, et donne pour *quotient* b *fois*, il y aura *presque certitude* que le *produit* c est le *vrai* (1), puisque, *s'il est vrai* que c = b · a, c = a · b, en vertu du *principe* de l'*intervertissement*.

Si on veut augmenter la *presque certitude*, il faut *diviser* le *produit* c PAR l'autre *facteur* b

Si cette *division* se fait aussi exactement, et donne pour *quotient* a *fois*; de sorte qu'on *retrouve* c = a · b, il y a alors *certitude morale* que le *produit total* est exact ou *vrai; certitude* qui est suffisante, puisque la *certitude absolue*, ou *logique*, ai-je dit, n'*existe* que pour l'*espèce* du *chiffre* de *droite*, et non pour des *opérations* qui ont la mémoire pour appui.

Remarquez d'ailleurs, que puisque l'*erreur*, quant à l'*espèce* du nombre trouvé pour le *produit*, n'est possible que pour des enfants, il n'y a pas *possibilité*, dans la *multiplication*, de trouver EN DÉFAUT, quant à l'*espèce*, un *arithméticien* exercé, bien qu'il ne connaisse pas le *grand principe* de l'*espèce*, puisqu'il trouve toujours le chiffre de *droite* VRAI; mais nous verrons qu'on peut le trouver EN DÉFAUT, dans la *division*.

497. CAS SINGULIER d'une *multiplication*, dont le *produit* total est

____

(1) On va voir au numéro suivant *pourquoi* je dis le *produit* et non l'*opération*, c'est-à-dire la *multiplication*.

3

vrai, bien qu'il y ait des *produits partiels* FAUX. — Dans l'intérêt de la clarté des idées, il est utile d'avertir le *lecteur* que ce *cas* singulier peut se présenter, et voici la raison de ce fait *paradoxal*.

L'*opération* de la *multiplication* consiste à trouver d'abord tous les *produits partiels*, dont on fait ensuite la *somme* qui est le *produit total*. Or, il peut *arriver* qu'en cherchant ces *produits partiels*, il se soit glissé des *erreurs* identiques, mais *contradictoires*, en *plus* et en *moins*, qui se *détruisent;* de sorte que le *résultat* ou *produit* de la *multiplication* n'en est pas *altéré*.

Supposons, par exemple, qu'un *calculateur* peu exercé, par distraction ou par fatigue, ayant à *multiplier* le nombre 86 par celui 94, opération dont voici le *dispositif vrai* :

$$\begin{array}{r} 86 \\ 94 \\ \hline 344 \\ 774 \\ \hline 8084 \end{array}$$

ait raisonné de manière à obtenir cet autre *dispositif* :

$$\begin{array}{r} 86 \\ 94 \\ \hline 434 \\ 765 \\ \hline 8084 \end{array}$$

en disant : *4 fois* 6 font 24, je *pose* 4 et je retiens 2; *4 fois* 8 font 32 et 2 font 34, je *pose* 3 et j'avance 4 (ce qui est l'*inverse*), et donne lieu à une *erreur* de 9 *dizaines* de *plus*.

Puis : 6 *fois* 9 font 54, je *pose* 5 et je retiens 4 (ce qui est aussi l'*inverse*), et donne lieu à une *erreur* de 9 *dizaines* de *moins;*

Puis enfin : 9 *fois* 8 font 72 et 4 font 76, je *pose* 6 et j'avance 7

Vous voyez que les 2 *produits partiels* seraient *faux*, et cependant le *produit total* serait *vrai*.

Sans doute ce *fait* bizarre doit être fort rare, mais enfin il n'est pas impossible, et l'on ne s'en appercevrait pas en *divisant* 8084 PAR 86, puisqu'on trouverait pour *quotient* 94 *fois*. On s'en apercevrait probablement, au contraire, si l'on recommençait la *multiplication*.

L'ADDITION ne peut présenter ce *cas singulier*. Pourquoi cela? Parce que les nombres que l'on *ajoute* ensemble étant *donnés* et non *trouvés*, les *erreurs contradictoires* en *plus* et en *moins*, si elles ont existé dans l'esprit, ne sont *constatées* nulle part, puisque le *résultat* ou nombre trouvé pour la *somme* n'en est pas *altéré*. Aussi s'exprime-t-on bien, en disant que l'*opération*, c'est-à-dire l'*addition*, est exacte ou *vraie*.

Ici, au contraire, l'*erreur* existe dans les 2 *produits partiels ;* aussi s'exprimerait-on fort mal, en disant qu'il y a *certitude morale* que l'*opération*, c'est-à-dire la *multiplication*, est exacte ou *vraie*, car il faut dire que c'est le *produit total* qui est exact ou *vrai*.

498. Les nombres *pairs* et *impairs*, plus grands que celui qui sert de BASE au SYSTÈME de la *numération chiffrée*, dans lequel ils sont exprimés, *se reconnaissent* à des CARACTÈRES *différents*, selon que la BASE du SYSTÈME est un nombre PAIR ou un nombre IMPAIR (1).

Mais ces CARACTÈRES sont *les mêmes* pour tout SYSTÈME dont la BASE est un nombre PAIR, et *les mêmes* pour tout SYSTÈME dont la BASE est un nombre IMPAIR.

Nous savons que les nombres sont *pairs* et *impairs*, par eux-mêmes, c'est-à-dire indépendamment du *système* de la *numération chiffrée*, dans lequel ils sont exprimés, puisqu'ils sont alternativement *impairs* et *pairs*, dans l'ordre croissant par 1 [456]. Aussi toutes les *propositions* que j'ai *démontrées*, soit dans la LEÇON précédente, soit dans *celle-ci*, et celles qui sont encore à *démontrer*, relativement à la *division* PAR et à la *division* EN, pour ce qui concerne les *propriétés* des nombres *pairs* et *impairs*, sont VRAIES, quel que soit le SYSTÈME de *numération chiffrée* qu'on adopte pour exprimer tous les nombres. C'est là une *vérité* éclatante, puisque les *démonstrations* que j'ai données, étant *indépendantes* de *tout système*, s'appliquent nécessairement à *tel système* de *numération chiffrée* que ce soit.

Mais les *nombres*, eux, ne sont pas sous nos yeux, ce sont leurs *expressions* en *chiffres ;* or les nombres *pairs* ou *impairs* qui *se placent* sous ces expressions *se reconnaissent* à des *caractères différents*, SELON que le SYSTÈME, dans lequel ils sont exprimés, a pour

(1) On dit que le nombre *dix* est la BASE de notre SYSTÈME de *numération chiffrée*, parce qu'on *convient* que chaque chiffre *significatif* exprime un nombre de *dix* en *dix fois* plus grand, à partir du 2e rang, de *droite* à *gauche*. Ainsi, les nombres exprimés par :

10	100	1,000	10,000	100,000	1,000,000..., etc.

ont pour noms *dix* *cent* *mille* *dix mille* *cent mille* *million*..., etc. parce que 1 au 2e *rang* vaut 10·1 ou *dix ;* au 3e *rang*, 10·10 ou *cent ;* au 4e *rang*, 10·100 ou *mille*, et ainsi de suite.

BASE un nombre *pair*, comme dans notre SYSTÈME qui a pour BASE le nombre *pair* dix, 10, ou 5 + 5, ou selon qu'il aurait pour BASE un nombre *impair*, comme celui *onze*, par exemple, qui est *impair*, puisqu'il vient après celui *dix* qui est *pair*.

Les *caractères* propres à *reconnaître* les nombres *pairs* et les nombres *impairs*, dans chacun de ces 2 SYSTÈMES, sont formulés dans les 2 *principes* suivants :

PRINCIPE pour les SYSTÈMES dont la BASE est un nombre *pair* :

TOUT NOMBRE exprimé, dans un *tel système*, par *plusieurs chiffres*, est reconnu nombre *pair* : TOUTES LES FOIS que le 1ᵉʳ chiffre de *droite* est celui 0 ou un chiffre *pair*.

Il est, au contraire, reconnu nombre *impair* : TOUTES LES FOIS que le 1ᵉʳ chiffre de *droite* est un chiffre *impair*.

Peu importe, dans l'un et l'autre *cas*, que les autres chiffres, avec ou sans *zéros*, soient tous des chiffres *pairs*, tous des chiffres *impairs*, ou bien *mêlés* de chiffres *pairs* et *impairs*.

Quand la BASE est un nombre *pair* : c'est donc, dans le chiffre de *droite* SEUL, que RÉSIDE alors le CARACTÈRE propre à *distinguer* les nombres *pairs* et les nombres *impairs* ; et cela tient à ce que, dans *ce système*, les chiffres *impairs*, autres que le 1ᵉʳ de *droite*, expriment un nombre *pair* comme les chiffres *pairs* eux-mêmes, en vertu de la CONVENTION relative à la BASE PAIRE et des *propositions* 470 et 487, chose que je vais prouver aux 2 nᵒˢ suivants, quant à notre *système*, dont la BASE est 10

PRINCIPE pour tous les SYSTÈMES dont la BASE est un nombre *impair* :

TOUT NOMBRE exprimé, dans un *tel système*, par *plusieurs chiffres*, est reconnu nombre *pair* : TOUTES LES FOIS que tous les chiffres sont des chiffres *pairs* avec ou sans *zéros* ; et aussi TOUTES LES FOIS que les chiffres *impairs* qui y *figurent*, avec ou sans chiffres *pairs*, de même qu'avec ou sans *zéros*, sont en nombre *pair*.

Il est, au contraire, reconnu nombre *impair* : TOUTES LES FOIS que les chiffres *impairs* y sont en nombre *impair*.

Quand la BASE est un nombre *impair* : s'il y a des chiffres *impairs* dans l'expression, c'est donc dans LEUR NOMBRE que *réside* alors le *caractère* propre à *distinguer* les nombres *pairs* et les nombres *impairs* : les chiffres *pairs* et les *zéros*, s'il y en a, n'y sont pour rien ; et cela tient à ce que, dans *ce système*, tout chiffre *pair*, à quelque *rang* qu'il se trouve, exprime un nombre *pair*, en vertu des *propositions* 470 et 487, tandis que tout chiffre *impair*, à quelque *rang* qu'il se trouve, exprime un nombre *impair*, en vertu de la *convention* relative à la *base impaire* et des *propositions* 471, 2° et 490

Comme vous voyez, ces 2 *principes*, pour une BASE à nombre *pair* et pour une *base* à nombre *impair*, sont faciles à retenir, et ils sont la conséquence de ce qui a été exposé précédemment. Mais, il ne suffit pas d'*affirmer* le *principe*, pour une BASE à nombre *pair*, il faut le justifier amplement, surtout en ce qui concerne notre *système*, dont la BASE est le nombre *pair* DIX, *système* qui est aussi celui de tous les peuples de l'EUROPE et de l'AMÉRIQUE.

Quant aux autres *systèmes* dont la BASE serait aussi un nombre *pair*, autre que celui DIX, et à *ceux* dont la BASE serait un nombre *impair* : comme aucun d'eux n'est *en pratique* nulle part, que ce sont là des *systèmes* de *fantaisie*, ils appartiennent à l'*arithmétique* purement curieuse, dont je n'ai pas à m'occuper.

499. Dans notre SYSTÈME de *numération chiffrée* : à quoi reconnaît-on qu'un nombre dont on a sous les yeux l'expression *vulgaire* en *chiffres* est PAIR OU IMPAIR ?

RÉPONSE. Il faut *distinguer* s'il s'agit d'un nombre de 1 à 10 ou d'un nombre *plus grand* que celui 10

S'agit-il d'un nombre de 1 à 10 ? Nous savons, en *fait*, d'une part : que sur les 9 chiffres *significatifs*, les 4 chiffres 2, 4, 6, 8 expriment des nombres *pairs*, et sont dits à cause de cela chiffres *pairs*.

Et d'autre part : que les 5 chiffres 1, 3, 5, 7, 9 expriment des nombres *impairs*, et sont dits à cause de cela chiffres *impairs*.

Quant au chiffre 0, *zéro* ou *rien* : il n'est donc ni *pair* ni *impair*, c'est le chiffre *neutre*.

Ce sont là des *faits* de mémoire, résultant de la *définition* des nombres *pairs* et *impairs*. D'ailleurs, chacun voit de suite que $2 = 1 + 1$, que $4 = 2 + 2$, que $6 = 3 + 3$, que $8 = 4 + 4$;

Et comme $10 = 5 + 5$ ou $2 \cdot 5$: 10 est donc le *plus petit* nombre de 2 *chiffres* qui soit *pair*.

Quant aux chiffres 1, 3, 5, 7, 9 : ils expriment des nombres *impairs*, puisque les nombres 3, 5, 7, 9 sont *intermédiaires* entre 2 nombres *pairs* consécutifs.

Mais si nous connaissons ainsi *ceux* des nombres, de 1 à 10, qui sont *pairs* et *ceux* qui sont *impairs*, parce que nous savons, en *fait*, que les *premiers* sont, et que les *seconds* ne sont pas la *somme* de 2 nombre *égaux* ou *identiques* : il est évident qu'à l'égard d'un nombre quelconque, *donné* par son expression *vulgaire* en *chiffres*, nous ne saurions nous astreindre à *vérifier*, en *fait*, s'il *est* ou n'*est pas* la *somme* de 2 nombres *égaux* ou *identiques.* Sans doute, on pourrait le faire en examinant si ce nombre A ou N'A PAS la *propriété* de se *diviser* EN 2 parties égales ou 2 nombres *égaux;* mais cette *opération,* pour chaque nombre, serait un travail fastidieux et de plus *susceptible d'erreur,* tandis qu'on juge avec une *certitude absolue* si un nombre *donné,* plus grand que celui 10, est *pair* ou *impair,* sur le seul vu de son expression, ainsi que je l'ai *affirmé* par le 1er *principe* du n° précédent et que j'énonce de nouveau, afin de le *démontrer.*

TOUT nombre *plus grand* que celui 10, et exprimé par conséquent par *plusieurs* chiffres, est reconnu *pair,* dans les 2 *cas* suivants :

1er CAS. TOUTES LES FOIS que le 1er chiffre de *droite* est celui 0, *zéro.*

2e CAS. TOUTES LES FOIS que le 1er chiffre de *droite* est l'un des 4 chiffres *pairs* : 2, 4, 6, 8

Il est, au contraire, reconnu *impair* : TOUTES LES FOIS que le chiffe de *droite* est l'un des 5 chiffres *impairs* : 1, 3, 5, 7, 9

DÉMONSTRATION du 1er *cas.* En effet : en vertu de la *convention* que tout chiffre *pair* ou *impair* placé au 2e *rang,* de *droite* à *gauche,* a une *valeur* 10 *fois* plus grande que s'il était *seul* ou à la *droite* de l'expression; $10 \cdot 10 \cdot$ ou 100 *fois* plus grande, s'il est au 3e *rang;* $10 \cdot 100 \cdot$ ou 1000 *fois* plus grande, s'il est au 4e *rang;* et ainsi de suite :

1° Tous les nombres ainsi exprimés :

$$100, 1000, 10000, \ldots\ldots \text{ etc., indéfiniment sont}$$

des nombres *pairs.*

La raison en est, que $100 = 10 \cdot 10$; que $1000 = 10 \cdot 100$; que $10000 = 10 \cdot 1000$; .... etc.

Les nombres dont il s'agit sont donc le *produit* de 2 *facteurs,* tous 2 *pairs;* ce sont donc des nombres *pairs,* puisque un seul facteur *pair* suffirait (487).

2° De même : tous les nombres ainsi exprimés, et où il n'y a qu'un seul chiffre *pair* ou *impair,* le chiffre 0 étant *neutre* :

$$20, \quad 30, \quad 40, \ldots\ldots 90 \qquad \text{(A)}$$
$$200, \quad 3000, \quad 40000, \ldots\ldots 9000000 \qquad \text{(B)}$$

sont *pairs* pour la même raison :

Ceux (A) : parce qu'ils sont le *produit* de 2 *facteurs,* dont l'un au moins est un nombre *pair*, puisque c'est celui 10 ; car $20 = 10 \cdot 2$, $30 = 10 \cdot 3, \ldots\ldots\ 90 = 10 \cdot 9$

Ceux (B) : parce qu'ils sont aussi le *produit* de 2 *facteurs*, dont l'un est celui 10 ; ou bien dont l'un est 100, 1000, etc., qui sont aussi des nombres *pairs*, en vertu du 1° ; car $200 = 100 \cdot 2 ; 3000 = 1000 \cdot 3 ;$ $9000000 = 1000000 \cdot 9$

3° De même encore : *tout* nombre dont l'expression est formée de plusieurs chiffres, tous *pairs*, ou tous *impairs*, ou *pairs* et *impairs*, et dont le 1ᵉʳ chiffre de *droite* est un *zéro*, peu importe qu'il y en ait d'autres, est un nombre *pair*, puisqu'il est le *produit* de 2 *facteurs*, dont l'un est celui 10, quand il n'y a qu'un seul *zéro* sur la *droite*, ou bien 10, 100, 1000..... etc., quand il y en a plusieurs.

Par exemple : les nombres ainsi exprimés :

$$1030, \quad 50300, \quad 1357000 \qquad\qquad (C)$$

bien que les chiffres, autres que le chiffre *neutre* 0, y soient tous *impairs*, n'en sont pas moins des nombres *pairs*, puisque $1030 = 10 \cdot 103 ; 50300 = 10 \cdot 5030$ ou $100 \cdot 503 ;$ que $1357000 = 10 \cdot 135700$ ou $1000 \cdot 1357$

On peut dire aussi que les nombres (C) sont *pairs*, parce qu'ils sont la *somme* de plusieurs nombres *pairs* [470].

Ainsi $1030 = 1000 + 30 ; 50300 = 50000 + 300 ; 1357000 = 1000000 +$ $300000 + 50000 + 7000$

Comme vous voyez : chaque chiffre *impair* exprime un nombre *pair* en vertu de la *convention*, parce qu'il n'est pas le 1ᵉʳ chiffre de *droite*. C'est là ce que j'avais *affirmé* au n° 498, 1ᵉʳ *principe*.

DÉMONSTRATION du 2ᵉ CAS. En effet : dans ce *cas*, le nombre que l'on considère eût-il tous les chiffres *impairs*, à l'exception du 1ᵉʳ de *droite*, est toujours la *somme* de plusieurs nombres *pairs*, de 2 nombres *pairs* au moins, et il rentre par conséquent dans le 3° du 1ᵉʳ *cas*.

Ainsi, tous les nombres suivants, par exemple, sont *pairs* :

$$34, \quad 1052, \quad 30504, \quad 15376$$

puisque $34 = 30 + 4 ; 1052 = 1050 + 2 ; 30504 = 30500 + 4 ; 15376 = 15370 + 6$

Les 2 *cas* pour les nombres *pairs* sont donc justifiés.

Quant aux nombres *impairs* :

On les reconnaît de suite au chiffre *impair* de *droite*, parce qu'ils sont tous la *somme* de 2 nombres, dont l'un est *pair* et l'autre *impair* (469).

Ainsi, tous les suivants sont *impairs* :

$$21, \quad 203; \quad 40607, \quad 46289$$

bien que le 1ᵉʳ chiffre de *droite* seul soit *impair*, tous les autres chiffres étant *pairs*, puisque celui 0 est *neutre*.

Il en est de même de ceux-ci :

$$31, \quad 503, \quad 50709, \quad 13579$$

dont tous les chiffres sont *impairs*.

Et aussi de ceux--ci :

$$341, \quad 30407, \quad 254637$$

dont les chiffres, *autres* que le chiffre *impair* de *droite*, sont *pairs* et *impairs*.

On voit, en effet, par exemple, que $40607 = 40600 + 7$; que $50709 = 50700 + 9$; que $254637 = 254630 + 7$

Et, ainsi des autres.

La *proposition* entière est donc justifiée.

QUARANTE-SIXIÈME LEÇON.

PROPRIÉTÉS DES NOMBRES PAIRS ET IMPAIRS, QUANT AU RÉSULTAT D'UNE DIVISION PAR ET D'UNE DIVISION EN.

SOMMAIRE. — Chacune des 2 *sortes* de *divisions* présente 4 CAS — *Aucun* nombre *impair* ne peut se diviser exactement PAR un nombre *pair*. Une *telle division* laisse toujours un *reste* qui est un nombre *impair* : le *quotient* pouvant être *pair* ou *impair* — Conséquence — La *division* d'un nombre *pair* n PAR un nombre *impair* k, *plus petit* que lui, se fait exactement ou non exactement, ce qui dépend des 2 nombres en jeu comme *dividende* et *diviseur* PAR. Si elle se fait exactement, le *quotient* doit toujours être un nombre *pair*. Si elle ne se fait pas exactement, le *quotient* et le *reste* doivent toujours être de *même espèce* — Conséquence — La *division* d'un nombre *pair* PAR un nombre *pair* se fait exactement ou non exactement. Si elle se fait exactement, le *quotient* peut être *pair* ou *impair*. S'il y a un *reste*, le *quotient* peut être *pair* ou *impair*, mais le *reste* doit toujours être un nombre *pair* — Conséquence — La *division* d'un nombre *impair* PAR un nombre *impair* se fait exactement ou non exactement. Si elle se fait exactement, le *quotient* doit toujours être un nombre *impair*. S'il y a un *reste*, le *quotient* et le *reste* doivent toujours être d'*espèce différente* — Conséquence — COMMENT une *personne* qui ne connaît aucune des *règles* de l'*arithmétique*, ni les *tables d'addition* et de *multiplication*, mais seulement les *termes techniques*, et par habitude, les nombres *pairs* et *impairs*, à la vue de leur expression *vulgaire* en *chiffres*, PEUT-ELLE juger, d'un coup d'œil, s'il y a CERTITUDE ou NON que la *division* PAR considérable qu'un ARITHMÉTICIEN du 1ᵉʳ *ordre* vient d'effectuer est FAUSSE ? — *Remarque* importante sur la *division* PAR — Des 4 CAS de la *division* EN — *Aucun* nombre *impair* n ne peut se *diviser* EN un nombre *pair* k de parties égales, *plus petit* que lui. L'*opération*, pour une telle DIVISION EN qui est *impossible*, donne toujours k + 1 *parts*, 1 de plus que le nombre de *parts égales demandées* — Conséquence — *Remarque* importante au sujet d'une *division*, dans laquelle le *dividende* n serait un nombre *impair* plus grand que 1, et le *diviseur* PAR OU EN un nombre *pair* plus petit que le *dividende* n — TOUT nombre n, *sans exception*, qui se *divise* EN 2 parties égales est un nombre *pair*. RÉCIPROQUEMENT : TOUT nombre *pair*, *sans exception*, se *divise* EN 2 parties égales — A l'*exception* du nombre 2, tout autre nombre *pair* plus grand que 2, se *divise* exactement PAR 2. RÉCIPROQUEMENT : TOUT nombre qui se *divise* exactement PAR 2 est un nombre *pair* plus grand que 2 — *Remarque* importante sur la *définition* des nombres *pairs* et *impairs* — Un nombre *impair* n'a point de MOITIÉ. — *Tout* nombre *impair* n, plus grand que 1, est la *somme* de deux nombres consécutifs, et il se *divise* par conséquent EN 2 parties inégales, dont la *différence* est 1 — Un nombre *impair* plus grand que 1 étant *donné :* la *moitié* du nombre *pair* précédent est le *plus petit* des 2 nombres consécutifs, dont ce nombre *impair* est la *somme*, tandis que la *moitié* du nombre *pair* suivant est le *plus grand* des 2 nombres consécutifs, dont ce nombre *impair* est la *somme* — Qu'APPELLE-T-ON *petite moitié* ou *grande moitié* d'un nombre *impair ?* — AUCUN nombre *impair* plus grand que 3 ne se *divise* exactement ni par sa *petite moitié*, ni par sa *grande moitié* — Combien de nombres y-t-il de 1 à k? — Combien y a-t-il de nombres *impairs* et combien de nombres *pairs* de 1 à k? — 1° D'un nombre *plus petit* k à un nombre *plus grand* n, combien y a-t-il de nombres? 2° Combien y en a-t il de *pairs* et combien d'*impairs*? — 1° Combien y a-t-il de nombres *intermédiaires* entre ceux k et n? 2° Combien de ces *intermédiaires* sont-ils *pairs* et combien sont-ils *impairs*? — Remarque — Qu'enseigne M. Serret sur les nombres *pairs* et *impairs*? — Dialogue entre un *lecteur* de ce petit livre et un *disciple* de M. Serret. — Curieuse remarque sur la *supériorité*, d'un instant, qu'a le plus humble qui sait un *principe* sur le plus érudit *qui ne le sait pas*.

500. Chacune de ces 2 *sortes* de *divisions* présente 4 *cas*, savoir :

Dividende *impair* et diviseur par ou en *pair*, c'est-à-dire d'espèce différente.

Dividende *pair* et diviseur par ou en *impair*, c'est-à-dire d'espèce différente.

Dividende *pair* et diviseur par ou en *pair*, c'est-à-dire de même espèce.

Dividende *impair* et diviseur par ou en *impair*, c'est-à-dire de même espèce.

Je vais les examiner successivement, en commençant par ceux qui sont relatifs à la *division* par.

501. 1° *Aucun* nombre impair n ne doit se *diviser* exactement par un nombre pair k plus petit que lui (1).

2° Une *telle division* doit toujours laisser un nombre r pour le

---

(1) A l'égard des 4 *propositions* dont il s'agit, il faut bien se garder de confondre ce qu'on entend par une *division* par qui *peut* ou *doit* se faire exactement ou non exactement, c'est-à-dire *sans reste* ou *avec reste*, ce qui dépend du *dividende* et du *diviseur*, avec une *division* par que le *calculateur* a faite exactement ou non exactement, parce qu'il ne s'est pas *trompé* ou qu'il s'est *trompé*, selon qu'il a trouvé le *résultat* exact ou *vrai* ou bien un *résultat* inexact ou *faux* : ces mots *exactement* et *non exactement* n'ayant pas le *même sens*, suivant qu'ils s'appliquent au *dividende* et au *diviseur* ou à la *personne* qui vient de *diviser*.

Je dis le *diviseur* par *plus petit* que le *dividende*, par un excès de clarté dont on pourrait se dispenser, puisque c'est un *axiome* ou une *notion* du *sens commun* qu'il ne peut être ni *plus grand*, ni *égal*, d'où suit nécessairement qu'il doit être *plus petit*, pour que la *division* par lui soit *faisable* exactement ou non exactement.

Enfin, je suppose toujours un *diviseur* de 5 *chiffres* au moins et un *dividende* tel qu'ayant à *trouver* au moins 5 à 6 *chiffres* au *quotient*, le *calculateur*, bien qu'*arithméticien* de 1er *ordre*, soit susceptible de *se tromper*, par suite d'une grande contention d'esprit.

RESTE et ce RESTE r DOIT toujours être un nombre IMPAIR. Le QUO-
TIENT pouvant être PAIR OU IMPAIR.

DÉMONSTRATION du 1°. En effet : lorsqu'un nombre n *doit* se *diviser*
exactement PAR un nombre k, c'est qu'il est MUTIPLE de ce nombre
k, qu'il le contient *plusieurs fois*, h *fois*, exactement, c'est-à-dire
qu'on a $n = h \cdot k$

Mais, quand le *diviseur* k est un nombre *pair*, le *produit* $h \cdot k$ est
aussi un nombre *pair*, quel que soit le *multiplicateur* h, *pair* ou *impair* [487]; or, un produit *pair* ne pouvant être *égal* à un *dividende* n
qui serait *impair* : il s'ensuit donc qu'aucun nombre *impair* n ne
doit se *diviser* exactement PAR aucun nombre *pair*, ce qui justifie le
1° ci-dessus.

DÉMONSTRATION du 2°. Une *telle division* devant laisser un nombre r
pour *reste*, je dis que ce *reste* r *doit* être nécessairement un nombre
impair.

En effet : le nombre n *impair* ne pourrait être *égal* à celui ex-
primée par $h \cdot k + r$, si le nombre r était *pair*, quel que fût celui h :

Car le *produit* $h \cdot k$ étant un nombre *pair*, puisque le nombre k
est *pair* : si le nombre r était *pair* aussi, la *somme* de 2 nombres
pairs serait un nombre *pair* [468] qui ne pourrait être *égal* à celui n
qui est *impair*.

Donc le *reste* r *doit* être nécessairement un nombre *impair*, pour
que la *somme* de 2 nombres, l'un *pair* et l'autre *impair*, soit un
nombre *impair* [469] qui puisse être *égal* au nombre *impair* n, ce
qui justifie le 2° ci-dessus (1).

502. CONSÉQUENCE. De là suit donc : que CELUI qui, connaissant la
proposition ci-dessus, vient de *diviser* un nombre *impair* n PAR un
nombre *pair* k, a la *certitude* absolue qu'il s'est *trompé*, qu'il n'a
pas trouvé le *résultat* exact ou *vrai*, dans chacun des 2 *cas* suivants;
de sorte que le *résultat* n'est pas à VÉRIFIER mais à RECTIFIER, puisqu'il est FAUX ; tandis que CELUI qui ne connaît pas cette *proposition*
perdra le temps à faire une *vérification* inutile, et aura de plus le
ridicule aux yeux d'un *arithméticien* éclairé, d'être dans le *doute* si
le *résultat* qu'il vient de trouver est *vrai* ou *faux*, alors que le *doute*
n'est pas possible, puisqu'il est FAUX.

(1) Les 2 *faits* du 1° et 2°, si faciles à prouver et si utiles à connaître, puisque
la *division* d'un nombre *impair* PAR un nombre *pair* se présente à tout instant,
n'ont jamais été signalés par M. SERRET, ni, à mon su, par aucun autre *auteur*. Il
en est de même des 2 *faits* relatifs à l'*espèce*, qui sont propres à chacune des
5 *propositions* qui viennent après celle-ci.

1ᵉʳ CAS, pour *mémoire*. S'il a trouvé que la *division* se fait exactement, puisqu'il DOIT y avoir un nombre pour *reste*, en vertu du 1° ci-dessus.

J'observe toutefois que je mentionne ce 1ᵉʳ *cas* comme *possible*, bien qu'il y ait *certitude morale* qu'il ne peut avoir lieu, dans la *pratique*, et voici pourquoi :

Si un nombre *impair* n *divisé* PAR un nombre *pair* k DOIT donner pour *quotient* h *fois*, et pour *reste* 201, par exemple, de sorte qu'on a l'*équivalence vraie* : $n = h \cdot k + 201$; on a aussi $n - 201 = h \cdot k$; c'est-à-dire qu'il existe un nombre n—201 ou n' qui est *pair* [477] et TEL qu'il se divise exactement PAR ce nombre *pair* k, et donne le même *quotient* h *fois*.

Donc : si en *divisant* le nombre *impair* donné n PAR le nombre *pair* k, un *calculateur* peu exercé, fatigué par une grande contention d'esprit, ou trompé par des *chiffres* mal *formés* (1), a commis 2 *erreurs* en *moins*, l'une de 2, dans le *dividende partiel* des *centaines*, et l'autre de 1, dans le *dividende partiel* des *unités* simples : l'*erreur totale* en *moins* qui existera alors dans le dernier *dividende partiel* étant de 201, ce dernier *dividende partiel* n'étant plus *celui* de la *division* du nombre *impair* n PAR le nombre *pair* k, mais *celui* de la *division* du nombre *pair* n-201 ou n' [477] PAR le nombre *pair* k, se *divisera* exactement PAR k, et donnera le même *quotient* h *fois*.

Sans doute : il y a *certitude morale* que les *erreurs* commises ne seront pas toutes en *moins*, et surtout *telles* que l'*erreur totale* soit justement *égale* au nombre 201 qu'aurait donné pour *reste* la *division* de n PAR k, si elle avait été bien faite ; mais comme il n'y a pas *certitude absolue*, personne n'a le *droit d'affirmer* que cela n'aura JAMAIS lieu ; et puisqu'un *calculateur* peut se tromper, on est fondé à admettre qu'une *erreur* de cette sorte *est possible*, malgré la *certitude morale* qu'elle n'aura pas lieu (2) ; aussi je ne mentionne ce 1ᵉʳ *cas* d'erreur que *pour mémoire*.

(1) Presque tout le monde écrit les *chiffres* avec une négligence qui est presque toujours punie. Ceux dits *deux*, *trois*, *cinq*, quand ils sont *mal formés*, peuvent se prendre l'un pour l'autre, et de même de ceux *sept*, *neuf* ; or, je sais, par mon expérience propre, que cette mauvaise habitude, cause d'une foule d'*erreurs*, fait perdre un temps très-considérable.

(2) Ainsi, par exemple : quelque nombre d'*obligations* de la *Ville de Paris* que l'on possède, on a, avant le tirage, la *certitude morale* que le numéro qui va gagner le *gros lot* n'est pas parmi elles, mais on n'en a pas la *certitude absolue*, puisqu'il pourrait bien s'y trouver.

De même encore : une personne eût-elle pris 999 billets dans une *loterie* de

2ᵉ **CAS**. S'il a trouvé un *reste*, et que ce *reste* soit un nombre *pair*, puisqu'il doit être *impair*, en vertu du 2° ci-dessus.

Nota. Je rappelle ici que le *résultat* de la *division* d'un nombre *impair* PAR un nombre *pair* peut aussi être reconnu *faux* à l'instant même, pour une *erreur* autre que celle de l'*espèce* du nombre trouvé pour *reste*. Cela a lieu, lorsque le *reste* étant de l'*espèce voulue* par le 2° ci-dessus, c'est-à-dire *impair*, on voit, d'un coup d'œil, qu'en *multipliant* le nombre *pair* qu'exprime le chiffre de *droite* du *diviseur* (1) par le nombre *pair* ou *impair* qu'exprime le chiffre de *droite* du *quotient*, et en ajoutant à ce *produit* qui est *pair* [487] le *reste* *impair*, s'il est d'un seul chiffre, ou le nombre *impair* qu'exprime son chiffre de *droite*, s'il est de plusieurs chiffres, ce nombre-*somme* qui est *impair* [469] n'a pas pour chiffre de *droite* le chiffre *impair* de *droite* du *dividende*, qu'on devrait *retrouver* par cette petite *vérification*, ce qui n'est pas.

Il va d'ailleurs de soi que si, par cette *vérification*, on retrouve le chiffre *impair* de *droite* du *dividende*, ce ne sera pas une raison suffisante pour croire que le *résultat* trouvé, *quotient* et *reste*, soit le *vrai*, cela pouvant *être* ou *ne pas être*, le *quotient* ou le *reste* pouvant avoir quelque chiffre *faux*.

503. La *division* d'un nombre *pair* n PAR un nombre *impair* k *plus petit* que lui se fait exactement ou non exactement, ce qui dépend des 2 nombres en jeu comme *dividende* et *diviseur* PAR (2).

1,000 billets seulement, elle n'aurait pas la *certitude absolue* qu'elle possède le billet gagnant, puisque ce peut être celui qu'elle n'a pas ; elle n'a donc que la *certitude morale* qu'elle gagnera.

(1) Comme le *diviseur* est *pair*, je suppose son chiffre de *droite* significatif, c'est-à-dire l'un de ceux 2, 4, 6, 8, et le chiffre de *droite* du *quotient* significatif aussi, s'il est *pair*, puisqu'il l'est nécessairement, s'il est *impair* ; c'est là d'ailleurs le *cas* le plus général, et voici pourquoi j'*exclus* le *zéro* comme chiffre de *droite* du diviseur :

D'une part : le *chiffre* 0 n'exprimant pas un nombre, on ne pourrait dire : en *multipliant* le nombre exprimé par le chiffre de *droite* du *diviseur*, etc.

D'autre part : le lecteur peut voir facilement que si le *diviseur* et le *quotient*, ou bien l'un deux seulement, a *zéro* pour chiffre de *droite*, l'*erreur* dont il s'agit n'est jamais possible ; le chiffre de *droite* du *dividende*, quel qu'il soit, se *retrouvera* toujours, parce qu'étant *celui* qu'on *abaisse* le dernier, il est lui-même ou le *reste* de la *division* ou le chiffre de *droite* du *reste* ; et de là suit que lorsqu'on *multiplie* le *diviseur* par le nombre du *quotient, produit* dont le chiffre de *droite* est alors *zéro*, et qu'on ajoute à ce *produit* le *reste*, c'est *lui*, chiffre de *droite* du *dividende*, qui se trouve être chiffre de *droite* de ce nombre-*somme* qui devrait être *égal* au *dividende*.

(2) La *division* d'un nombre *impair* PAR un nombre *pair* est la seule qui ne

1° Doit-elle se faire exactement ou *sans reste*, parce que le *dividende* se trouve être un *multiple* du diviseur par ?

Le nombre qui sert à marquer le *quotient* doit toujours être un nombre *pair*.

2° Doit-il y avoir un *reste*, parce que le *dividende* n'est pas un *multiple* du *diviseur* par ?

Le *quotient* et le *reste* doivent toujours être de *même espèce* ; c'est-à-dire *pairs* ensemble ou *impairs* ensemble.

Démonstration du 1°. En effet : le nombre *pair* n *doit-il* se diviser exactement par ce nombre *impair* k, parce qu'il en est un *multiple ?* Il *doit* donc contenir ce nombre k *plusieurs fois*, h *fois*, exactement, et l'on *doit* avoir n = h·k.

Mais le nombre h ne peut être *impair* comme celui k , puisque le *produit* h·k serait un nombre *impair* [490]; or, le *dividende* ou nombre n est *pair*, par supposition.

Donc le nombre h, et par suite le *quotient* h *fois* doit être *pair*, pour que le *produit* h·k soit un nombre *pair* comme le nombre n [487], ce qui justifie le 1° ci-dessus.

Démonstration du 2°. En effet : la *division* du nombre *pair* n par le nombre *impair* k *doit-elle* donner pour *quotient* h *fois* et pour *reste* un nombre r, parce que le nombre n n'est pas un *multiple* de celui k ? On *doit* donc avoir n = h·k + r : le nombre h *ici* pouvant être celui 1, si le nombre n est *intermédiaire* entre le nombre k et celui 2·k

Pour une *telle division*, dis-je, le *quotient* et le *reste* doivent toujours être de *même espèce*, c'est-à-dire *pairs* ou *impairs* ensemble, et voici pourquoi :

Lorsque h est *pair*, le *produit* h·k étant un nombre *pair*, le *reste* r ne peut être un nombre *impair*, puisque la *somme* de 2 nombres, l'un *pair* et l'autre *impair*, serait un nombre *impair* [469] ; or, le *dividende* ou nombre n est *pair*, par supposition.

Et lorsque h est *impair* : le *produit* h·k étant un nombre *impair* [490], le *reste* r ne peut être un nombre *pair*, puisque la *somme* de 2 nombres, l'un *impair* et l'autre *pair*, serait encore un nombre *impair* [469] ; or, le *dividende* ou nombre n est *pair*.

Le *quotient* et le *reste* doivent donc alors être toujours de *même*

doive jamais se faire exactement : aucun nombre *impair* n'étant *multiple* d'un nombre *pair* [487].

espèce, c'est-à-dire *pairs* ou *impairs* ensemble, ce qui justifie le 2° ci-dessus.

504. Conséquence. De là suit donc, que CELUI qui, connaissant la *proposition* ci-dessus, vient de *diviser* un nombre *pair* n PAR un nombre *impair* k, a la *certitude* absolue qu'il s'est *trompé*, qu'il n'a pas trouvé le *résultat* exact ou *vrai*, dans chacun des 3 *cas* suivants; de sorte que le *résultat* n'est pas à *vérifier* mais à *rectifier*, puisqu'il est *faux ;* tandis que CELUI qui..... etc., comme il est dit au n° 502.

1ᵉʳ CAS, pour *mémoire*. S'il a trouvé que la *division* se fait exactement et donne un *quotient impair*, puisqu'il doit être *pair*, en vertu du 1° ci-dessus.

Ici, encore, je mentionne ce 1ᵉʳ *cas* comme *possible*, bien qu'il y ait *certitude morale* qu'il ne peut avoir lieu, dans la *pratique*, et voici pourquoi :

Supposons que le *dividende* donné n *pair*, et le *diviseur* donné k *impair*, soient TELS qu'on ait l'*équivalence vraie* n = h·k — 21, par exemple; le nombre h étant *impair* comme celui k, et 21 *plus petit* que k

On aurait alors n + 21 ou n′ = h·k ; c'est-à-dire que le nombre *impair* n′ (469) se *diviserait* exactement PAR le nombre *impair* k, et qu'on aurait pour *quotient impair* h *fois*.

Or, si, en *divisant* le nombre *pair* donné n PAR le nombre *impair* donné k, le *calculateur* a commis 2 *erreurs* en *plus*, l'une de 2, dans le *dividende partiel* des *dizaines*, et l'autre de 1, dans le *dividende partiel* des *unités* simples, soit pour cause de chiffres *mal formés*, soit autrement, l'*erreur totale* en *plus* qui existera alors dans le *dernier dividende partiel* étant de 21, ce dernier *dividende partiel* n'étant plus *celui* de la *division* du nombre *pair* n PAR le nombre *impair* k, mais *celui* de la *division* du nombre *impair* n + 21 ou n′ [469] PAR le nombre *impair* k, se *divisera* exactement PAR k, et on trouvera le *quotient impair* h *fois*.

Sans doute : il y a *certitude morale* que les 2 *erreurs* commises ne seront pas en *plus*, et surtout TELLES que l'*erreur totale* soit justement *égale* au nombre 21 qu'il faudrait *ajouter* au *dividende pair* donné n et pour avoir un nombre *impair* n + 21 ou n′, TEL qu'il soit *multiple* du *diviseur impair* donné k ; mais comme il n'y a pas *certitude absolue*, personne n'a le *droit* d'*affirmer* que cela n'aura JAMAIS lieu ; et puisqu'un *calculateur* peut se tromper, on est fondé à admettre qu'une *erreur* de cette sorte *est possible*, malgré la *certi-*

tude morale qu'elle n'aura pas lieu ; aussi je ne mentionne ce 1ᵉʳ *cas* d'*erreur* que pour *mémoire*.

Nota. Ici, encore, je rappelle que le *résultat* de la *division* d'un nombre *pair* PAR un nombre *impair* peut aussi être reconnu FAUX à l'instant même, bien que le *calculateur* ait trouvé qu'elle se fait exactement, et qu'elle donne un *quotient* de l'*espèce voulue* par le 2° ci-dessus, c'est-à-dire *pair*. Cela a lieu, lorsqu'il voit, d'un coup d'œil, qu'en *multipliant* le nombre *impair* qu'exprime le chiffre de *droite* du *diviseur* par le nombre *pair* qu'exprime le chiffre de *droite* du *quotient*, le chiffre de *droite* de ce *produit* qui est *pair* [487] n'est pas *le même* que le chiffre *pair* de *droite* du *dividende* donné n ;

Et aussi, si le chiffre de *droite* du *quotient pair* était celui *zéro*.

Il va d'ailleurs de soi, que si, par cette *vérification*, on retrouve le chiffre *pair* de *droite* du *dividende*, ce ne sera pas une *raison* suffisante pour croire que le *quotient* trouvé soit le *vrai*, cela pouvant *être* ou *ne pas être*, le *quotient* pouvant avoir quelque chiffre faux.

2° CAS. S'il a trouvé qu'elle ne se fait pas exactement, et qu'elle donne un *quotient pair* et un *reste impair*, puisque le *quotient* et le *reste* doivent être de *même espèce*, en vertu du 2° ci-dessus.

3° CAS. S'il a trouvé un *quotient impair* et un *reste pair*, puisqu'encore une fois, le *quotient* et le *reste* doivent être de *même espèce*, en vertu du 2° ci-dessus.

Nota. Je rappelle ici que le *résultat* de la *division* d'un nombre *pair* PAR un nombre *impair*, bien que le *quotient* et le *reste* soient de *même espèce*, comme il est voulu par le 2° ci-dessus, peut aussi être reconnu FAUX à l'instant même, si l'on voit, d'un coup d'œil, qu'en *multipliant* le nombre *impair* qu'exprime le chiffre de *droite* du *diviseur* par le nombre *pair* ou *impair* qu'exprime le chiffre de *droite* du *quotient*, et en ajoutant à ce *produit* le *reste*, s'il est d'un seul chiffre, ou le nombre qu'exprime son chiffre de *droite*, s'il est de plusieurs chiffres, ce nombre-*somme* qui est *pair* [468] n'a pas pour chiffre de *droite* le chiffre *pair* de *droite* du *dividende* donné n, qu'on devrait *retrouver* par cette petite *vérification*.

Il va d'ailleurs de soi, que si, par cette *vérification*, on retrouve ...... etc., comme il est dit au *nota* du 2ᵉ *cas*.

505. Le *division* d'un nombre *pair* n PAR un nombre *pair* k plus petit que lui se fait exactement ou non exactement, ce qui dépend toujours des 2 nombres en jeu comme *dividende* et *diviseur* PAR.

1° DOIT-ELLE se faire exactement ? Le *quotient* peut être *pair* ou *impair*.

2° **Doit-il** y avoir un *reste?* Le *quotient* peut être *pair* ou *impair*, mais le *reste* **doit** toujours être un nombre *pair.*

Démonstration du 1°. En effet : Le nombre *pair* n *doit-il* se *diviser* exactement **par** le nombre *pair* k, parce qu'il en est le *multiple?* On *doit* donc avoir n = h · k.

Mais ici le nombre h peut être *pair* ou *impair*, puisque dans les 2 cas, le *produit* h · k sera toujours un nombre *pair* [487] comme le *dividende* ou nombre n, ce qui justifie le 1ⁿ ci-dessus.

Démonstration du 2°. La *division* du nombre *pair* n **par** le nombre *pair* k *doit-elle* donner pour *quotient* h *fois*, et pour *reste* un nombre r, parce que le nombre n n'est pas un *multiple* de celui k ? On a alors n = h · k + r, le nombre h ici pouvant être celui 1

Le *quotient* peut être alors *pair* ou *impair*, mais le *reste* **doit** toujours être un nombre *pair.*

La raison en est : que h soit *pair* ou *impair*, le *produit* h · k est toujours un nombre *pair*, puisque k est *pair* [487]; mais le *reste* r ne peut être un nombre *impair*, parce que la *somme* de 2 nombres, l'un *pair* et l'autre *impair*, serait un nombre *impair* [469], or le *dividende* ou nombre donné n est *pair.*

Donc le *reste* **doit** être nécessairement un nombre *pair*, pour que la *somme* de 2 nombres *pairs* puisse donner le *dividende* ou nombre n qui est *pair* [468], ce qui justifie le 2° ci-dessus.

506. **Conséquence.** De là suit donc : que **celui** qui, connaissant la *proposition* ci-dessus, vient de *diviser* un nombre *pair* **par** un nombre *pair*, a la *certitude* absolue qu'il s'est *trompé*, qu'il n'a pas trouvé le *résultat* exact ou *vrai*, dans chacun des 2 *cas* suivants, de sorte que le *résultat* n'est pas à **vérifier**, mais à **rectifier**, puisqu'il est **faux**; tandis que **celui** qui ne connaît pas cette *proposition.....* etc, comme il est dit au n° 502.

1ᵉʳ **cas.** S'il a trouvé que la *division* ne se fait pas exactement, et qu'elle donne un *quotient pair* et un *reste impair*, puisque le *reste* doit être *pair*, en vertu du 2° ci-dessus.

2ᵉ **cas.** S'il a trouvé le *quotient impair* et le *reste impair*, puisque le *reste* doit être *pair*, en vertu du 2° ci-dessus.

Nota. Ici encore, je rappelle que le *résultat* de la *division* d'un nombre *pair* **par** un nombre *pair* **peut** aussi être reconnu **faux** à l'instant même, bien que le *calculateur* ait trouvé le *reste* de l'es-*pèce voulue* par le 2° ci-dessus, c'est-à-dire *pair.* Cela a lieu, s'il voit, d'un coup d'œil, que les 3 chiffres de *droite*, du *diviseur*, du *quotient*

4

et du *reste*, sont TELS qu'en *multipliant*...... etc., on ne retrouve pas le chiffre *pair* de *droite* du *dividende* donné n

Il va d'ailleurs de soi, que si, par cette *vérification*, on le retrouve...... etc., comme il est dit au *nota* du 2ᵉ *cas* du nᵒ 502.

Observation analogue, si le *calculateur*, trouvant que la *division* d'un nombre *pair* PAR un nombre *pair* se fait exactement, voyait, d'un coup d'œil, que le chiffre *pair* de *droite* du *diviseur* et le chiffre de *droite* du *quotient* qui est certes de l'*espèce voulue* par le 1° ci-dessus, puisqu'il peut être *pair* ou *impair*, sont TELS qu'en *multipliant*...... etc., on ne retrouve pas le chiffre *pair* de *droite* du *dividende* ou nombre n

507. La *division* d'un nombre *impair* PAR un nombre *impair* plus petit que lui se fait exactement ou non exactement, ce qui dépend toujours des 2 nombres en jeu comme *dividende* et *diviseur* PAR.

1° DOIT-ELLE se faire exactement? Le *quotient* DOIT toujours être un nombre *impair*.

2° DOIT-IL y avoir un *reste*? Le *quotient* et le *reste* DOIVENT toujours être d'*espèce différente*, c'est-à-dire l'un *pair* et l'autre *impair*.

DÉMONSTRATION du 1°. En effet : Le nombre *impair* n *doit-il* se *diviser* exactement PAR le nombre *impair* k, parce qu'il en est un *multiple* ? On *doit* donc avoir n $=$ h $\cdot$ k.

Or, le nombre k étant *impair* : celui h ne peut être *pair*, car le *produit* h $\cdot$ k serait *pair* aussi [487], et ne pourrait être *égal* au *dividende* ou nombre n qui est supposé *impair*.

Donc le *quotient* h *fois doit* toujours être *impair*, ce qui justifie le 1° ci-dessus.

DÉMONSTRATION du 2°. En effet : La *division* du nombre *impair* n PAR le nombre *impair* k *doit-elle* donner pour *quotient* h *fois* et pour *reste* un nombre r, parce que le nombre n n'est pas *multiple* de celui k? On a donc alors n $=$ h$\cdot$k $+$ r ; le nombre h *ici* pouvant être celui 1

Le *quotient* h *fois* peut alors être *pair* ou *impair*, mais le *reste* r doit toujours être d'une *espèce différente* du *quotient*, c'est-à-dire *impair* ou *pair*.

La raison en est : que lorsque le nombre h est *pair*, le *produit* h$\cdot$k est *pair* aussi [487], de sorte que le nombre r doit être *impair*, pour que la *somme* de 2 nombres, l'un *pair* et l'autre *impair*, puisse être un nombre *impair* comme le dividende n [469].

Et que, lorsque le nombre h est *impair*, le *produit* h $\cdot$ k est un nombre *impair* [490], de sorte qu'il faut que le *reste* r soit un nombre *pair*, pour que la *somme* de 2 nombres, l'un *impair* et l'autre *pair*, puisse être aussi un nombre *impair* comme le *dividende* ou nombre n

508. CONSÉQUENCE. De là suit donc : que CELUI qui, connaissant la *proposition* ci-dessus, vient de *diviser* un nombre *impair* PAR un nombre *impair*, a la *certitude* absolue qu'il s'est *trompé*, qu'il n'a pas trouvé le *résultat* exact ou *vrai*, dans les 3 *cas* suivants, de sorte que ce *résultat* n'est pas à VÉRIFIER, mais à RECTIFIER, puisqu'il est FAUX ; tandis que CELUI qui ne connaît pas cette *proposition*..., etc., comme il est dit au n° 502.

1er CAS, pour *mémoire*. S'il a trouvé que cette *division* se fait exactement, et que le *quotient* est *pair*, puisqu'il doit être *impair*, en vertu du 1° ci-dessus.

J'observe, toutefois, que je ne mentionne ce 1er *cas* que pour *mémoire*, attendu qu'il y a *certitude morale* qu'il n'aura pas lieu, dans la *pratique*, pour la raison expliquée longuement au 1er *cas* du n° 502, qu'il est inutile de répéter, le seul changement à y faire étant celui-ci :

Comme le nombre k est maintenant *impair*, le *quotient* h *fois*, qui pouvait être alors *pair* ou *impair*, doit être maintenant *impair*.

NOTA. Ici encore, je rappelle que le *résultat* de la *division* d'un nombre *impair* PAR un nombre *impair* PEUT aussi être reconnu FAUX, bien que le *calculateur* ait trouvé qu'elle se fait exactement, et donne un *quotient* de l'*espèce voulue* par le 1° ci-dessus, c'est-à-dire *impair*. Cela a lieu, s'il voit, d'un coup d'œil, que le chiffre *impair* de *droite* du *diviseur* et celui du *quotient* sont TELS qu'on ne retrouve pas le 1er chiffre *impair* de *droite* du *dividende* ou nombre donné n

2e CAS. S'il a trouvé qu'elle ne se fait pas exactement, et que le *quotient* et le *reste* sont *pairs*.

Cela est évident, puisqu'ils doivent être d'*espèce différente*, en vertu du 2° ci-dessus.

3e CAS. S'il a trouvé que le *quotient* et le *reste* sont *impairs*.

Cela est aussi évident, puisque, encore une fois, ils doivent être d'*espèce différente*, en vertu du 2° ci-dessus.

NOTA. Ici encore, je rappelle que le *résultat* de la *division* d'un nombre *impair* PAR un nombre *impair* PEUT aussi être reconnu FAUX à l'instant même, bien que le *calculateur* ait trouvé le *quotient* et le *reste* d'*espèce différente*, comme il est voulu par le 2° ci-dessus, s'il voit, d'un coup œil, que les 3 chiffres de *droite* du *diviseur*, du *quotient* et du *reste*, sont TELS qu'on ne retrouve pas le chiffre *impair* de *droite* du *dividende* n

509. COMMENT une *personne* qui ne connaît ni la *division*, ni aucune des *règles* d'opération de l'*arithmétique*, ni même les TABLES d'*addition* et de *multiplication*, mais seulement les *termes techniques* des *opérations*, et, par habitude, les nombres *pairs* et *impairs*, à la vue de leur expression *vulgaire* en *chiffres*, PEUT-ELLE juger, d'un coup d'œil, s'il y a CERTITUDE absolue ou NON que la *division* PAR considérable qu'un *arithméticien* du 1ᵉʳ *ordre* vient d'effectuer est FAUSSE ?

RÉPONSE. De la manière la plus facile, grâce à la connaissance qu'elle a de l'*espèce* à laquelle doit appartenir le *résultat* de la *division* PAR, selon l'*espèce* du *dividende* et du *diviseur*.

Ainsi : 1° VOIT-ELLE que le *dividende* est un nombre *impair*, et le *diviseur* PAR un nombre *pair*? Elle a la *certitude* absolue qu'elle est FAUSSE, si le *calculateur* n'a pas trouvé de *reste* [502, 1ᵉʳ *cas*], puisqu'elle sait que le *produit* du *diviseur pair* par le nombre *pair* ou *impair* du *quotient* est un nombre *pair* [487], ce qui n'est pas l'*espèce* du *dividende* n qui est *impair*.

Et qu'elle est FAUSSE aussi : si le *calculateur* a trouvé un reste *pair* [502, 2ᵉ *cas*], puisqu'elle sait que le *produit* du *diviseur* par le nombre du *quotient*, plus le *reste pair*, est un nombre-*somme* qui est *pair* [468], ce qui n'est pas non plus l'*espèce* du *dividende* n qui est *impair*.

Quant à l'*erreur* dont il s'agit au *nota* qui suit le 2ᵉ *cas* du n° 502, CELLE-LA n'étant pas relative à l'*espèce* ne peut être reconnue par la *personne* que nous supposons ne pas savoir les *tables* de *multiplication* et d'*addition*.

2° VOIT-ELLE que le *dividende* est un nombre *pair* et le *diviseur* PAR un nombre *impair*? Elle a aussi la *certitude* absolue qu'elle est FAUSSE, si le *calculateur* n'a pas trouvé de *reste*, et que le *quotient* est *impair* [504, 1ᵉʳ *cas*], puisqu'elle sait que le *produit* de *diviseur impair* par le nombre *impair* du {*quotient* est un nombre *impair* [490], ce qui n'est pas l'*espèce* du *dividende* qui est *pair*.

Et qu'elle est FAUSSE aussi : si le *calculateur* a trouvé un *quotient* et un *reste* d'*espèce différente* [504, 2ᵉ et 3ᵉ *cas*], puisqu'elle sait que le *produit* du *diviseur impair* par le nombre du *quotient*, s'il est *pair*, plus le *reste impair*, dans le 2ᵉ *cas*, ou par le nombre du *quotient*, s'il est *impair*, plus le *reste pair*, dans le 3ᵉ *cas*, donne un nombre-

somme qui est *impair* [469], ce qui n'est pas l'*espèce* du *dividende* qui est *pair*.

Quant à l'*erreur* dont il s'agit au *nota* qui suit le 3ᵉ *cas* du nº 504 : CELLE-LA n'étant pas relative à l'*espèce* ne peut être reconnue par la *personne* que nous supposons ne pas savoir les *tables* de *multiplication* et d'*addition*.

3° VOIT-ELLE que le *dividende* et le *diviseur* PAR sont des nombres *pairs?* Elle a la *certitude* absolue qu'elle est FAUSSE, si le *calculateur* a trouvé un *reste impair* [506, 1ᵉʳ et 2ᵉ *cas*], puisqu'elle sait que le *produit* du *diviseur pair* par le nombre *pair* ou *impair* du *quotient*, plus le *reste impair*, donne un nombre-*somme* qui est *impair* [469], ce qui n'est pas l'*espèce* du *dividende* qui est *pair*.

Quant à l'*erreur* dont il s'agit au *nota* qui suit le 2ᵉ *cas* du nº 506 : CELLE-LA n'étant pas relative à l'*espèce* ne peut être reconnue par la *personne* que nous supposons ne pas savoir les *tables* de *multiplication* et d'*addition*.

4° VOIT-ELLE le *dividende* et le *diviseur* PAR *impairs?* Elle a la *certitude* absolue qu'elle est FAUSSE, si le *calculateur* a trouvé un *quotient pair*, sans *reste* [508, 1ᵉʳ *cas*], puisqu'elle sait que le *produit* du *diviseur impair* par le nombre *pair* du *quotient* est un nombre *pair* [487], ce qui n'est pas l'*espèce* du *dividende* qui est *impair*.

Et qu'elle est FAUSSE aussi, si le *calculateur* a trouvé un *quotient* et un *reste* qui sont de *même espèce* [508, 2ᵉ et 3ᵉ *cas*], puisqu'elle sait que le *produit* du *diviseur impair* par le nombre du *quotient*, s'il est *pair*, plus le *reste pair*, dans le 2ᵉ *cas*, ou par le nombre du *quotient* s'il est *impair*, plus le *reste impair*, dans le 3ᵉ *cas*, donne un nombre-*somme* qui est *pair* [468], ce qui n'est pas l'*espèce* du *dividende* n qui est *impair*.

Quant à l'*erreur* dont il s'agit au *nota* qui suit le 3ᵉ *cas* du nº 508 : CELLE-LA n'étant pas relative à l'*espèce* ne peut être reconnue par la *personne* que nous supposons ne pas savoir les *tables* d'*addition* et de *multiplication*.

Comme vous voyez, lecteur, tous les *cas* d'*erreur* relatifs à l'*espèce* peuvent être reconnus à l'instant même par une *personne* qui ne connaît aucune des *règles* de l'*arithmétique*, ni même les *tables* d'*addition* et de *multiplication*, mais seulement les *propriétés* des nombres *pairs* et *impairs*, et aussi : que si un nombre n contient h *fois* exactement un nombre k, le *produit* h · k doit être *égal* au nombre n

Et que s'il contient de plus un *reste* r plus petit que k : le nombre-*somme* h · k + r doit être *égal* au nombre n

Maintenant, écoutez bien ceci :

M. SERRET, pour amoindrir l'importance de l'*idée nouvelle*, quant à la *division*, car il n'aurait aucun prétexte pour le faire, quant à l'*addition*, pourrait bien s'oublier jusqu'à prétendre qu'il n'était pas besoin de ma *théorie* des nombres *pairs* et *impairs*, pour savoir avec *certitude* absolue qu'une *division* est FAUSSE, dans *tous les cas* que j'ai signalés pour *erreur* de l'*espèce* dans le *résultat*, attendu que cette *erreur* porte sur le *chiffre de droite* du *quotient* et du *reste*, et qu'on peut la reconnaître tout aussi vite, à l'instant même, et sans prendre la plume, en *multipliant* le nombre qu'exprime le chiffre de *droite* du *diviseur* par celui qu'exprime le chiffre de *droite* du *quotient*, et ajoutant au *produit* celui qu'exprime le chiffre de *droite* du *reste*, s'il y a eu un *reste*, et qu'il soit de plusieurs chiffres.

Ainsi, par exemple : le chiffre de *droite* du *diviseur* étant 9, et celui du *quotient* 6, sans *reste* :

Comme 6 · 9, font 54 : il y a *certitude* absolue que la *division* est FAUSSE, si le chiffre de *droite* du *dividende* n n'est pas 4 ;

Et s'il y a eu pour *reste*, soit le nombre 8, soit un nombre dont le chiffre de *droite* est 8 : comme 54 + 8 font 62, il y a aussi *certitude* absolue que la *division* est FAUSSE, si le chiffre de *droite* du *dividende* n n'est pas 2

Certes, tout cela est incontestable, et je ne l'ai jamais contesté ; mais il me serait permis de répondre, à mon tour, ceci à M. SERRET :

En 1er lieu. Comment se fait-il, M., que vous ayez attendu jusqu'à aujourd'hui pour vous expliquer aussi clairement, car il y a plus de 30 ans que vous publiez des *Traités d'arithmétique* revus et corrigés, et ce *fait* que vous m'opposez n'est constaté dans aucun d'eux ; il valait pourtant la peine d'informer vos disciples (1) que la 1re chose que doit faire, avant tout, CELUI qui vient d'effectuer une *division* fatigante, c'est de s'assurer, ce qui se fait sans prendre la plume, si les 2 chiffres de *droite*, du *diviseur* et du *quotient*, s'il n'y a pas eu de *reste*, ou les 3 chiffres de *droite*, en y comprenant celui *du reste*, s'il y a eu un *reste*, SONT TELS qu'on retrouve le chiffre de *droite* du *dividende* ; car s'ils SONT TELS qu'on ne le retrouve pas, la *division* étant très-certainement FAUSSE, ce serait perdre le temps stupidement que de continuer la *vérification*, le *résultat* trouvé étant à RECTIFIER et non à VÉRIFIER, puisqu'il est FAUX ;

(1) Voir le *Dialogue*, n° 529.

or vos disciples *continuent* cette *vérification*, faute d'avoir été prévenus par vous.

Et si vos disciples ayant fait une *division* dont le *résultat* est FAUX avec *certitude* absolue, ce qu'ils ignorent, la *vérifient* à l'aide de la PREUVE par 9 ou par 11, voyez quel *rôle ridicule* vous leur faites jouer :

D'une part : ils cherchent à savoir si le *résultat* qu'ils viennent de trouver est *vrai* ou *faux*, alors qu'il est très-certainement FAUX ;

Et d'autre part : ils *lèvent* le *doute* où ils se trouvent en faisant une *preuve* que vous reconnaissez vous-même à votre n° 87 ne rien prouver ; pauvres jeunes gens ! je suis donc fondé à dire que votre critique ne s'est pas réveillée d'elle-même, mais qu'elle a attendu qu'on la réveille.

En 2° lieu. La manière de reconnaître, à l'instant même, que la *division* qu'on vient d'effectuer est FAUSSE, parce que les chiffres de *droite*, du *diviseur*, du *quotient* et du *reste*, s'il y en a eu un, sont *tels* qu'on voit, d'un coup d'œil, qu'on ne retrouve pas le chiffre de *droite* du *dividende*, suppose une *personne* qui connaît les *tables* de *multiplication* et d'*addition*, ainsi que je lai fait remarquer, dans les divers *nota*, quand l'*erreur* du *résultat* trouvé n'est pas relative à l'*espèce*. Votre critique n'est donc pas fondée, car vous faites semblant d'oublier que la *personne* dont je parle la reconnaît FAUSSE, bien qu'elle ne connaisse aucune *table* et aucune *règle*, mais seulement les *propriétés* des nombres *pairs* et *impairs*, et par suite l'*espèce* à laquelle doit appartenir le *résultat* de la *division*, d'après l'*espèce* du *dividende* et du *diviseur* PAR ; or, c'est dans ce *fait*, original et curieux, d'un *homme* qui ne sait pas faire la *division*, et prend en DÉFAUT celui qui la sait, que consiste l'*idée nouvelle ;* et elle est si bien nouvelle, *cette idée*, que plusieurs de vos *disciples*, et d'autres encore, questionnés par moi sur ce point, l'ont regardé comme *impossible*, parce qu'ils ne connaissaient pas la *théorie* des nombres *pairs* et *impairs*.

510. REMARQUE importante sur la *division* PAR (1).

Dans une *division* considérable et fatigante, l'*erreur* quant à l'*espèce* du *résultat* est possible, même de la part d'une personne exercée ; et lorsque le *résultat* est de l'*espèce voulue* par les 2 nombres en jeu comme *dividende* et *diviseur* PAR, et qu'on voit,

---

(1) Cette *remarque* suppose un *lecteur* qui connaît déjà l'*arithmétique* de *routine*.

d'un coup d'œil, que l'on retrouve le chiffre de *droite* du *dividende*, j'ai dit que ce n'est pas une *raison* suffisante pour *croire* que le *résultat* trouvé est exact ou *vrai*, il est seulement *probable* qu'il l'est.

Pour augmenter cette *probabilité*, il faut effectuer une autre *opération*, et voici laquelle :

1° Le *dividende* n étant *impair* et le *diviseur* k *pair* : supposons, d'une part, qu'on ait trouvé pour *quotient* h *fois*, et pour *reste* un nombre *impair* r, car cette *division* ne doit jamais se faire exactement [501]; Le *résultat* est alors de l'*espèce voulue*, puisque le *quotient* h *fois* peut être *pair* ou *impair;*

Et supposons, d'autre part : qu'on voie, d'un coup d'œil, qu'on retrouve le chiffre de *droite* du *dividende*.

Cela étant : il est *probable* que le *résultat* trouvé, h *fois* et r, est le *vrai*.

Pour augmenter la *probabilité*, il faut *multiplier* le nombre k par celui h, et ajouter le reste r au *produit*.

Si l'on trouve que le nombre exprimé par $h \cdot k + r$ n'est autre que le *dividende* n, il y aura *presque certitude* que le *résultat* trouvé pour la *division* est le *vrai*.

Pour augmenter encore cette *presque certitude*, il faut *retrancher* le *reste* r du *dividende* n, et voici pourquoi :

Si $h \cdot k + r$ est véritablement un nombre *égal* à celui n, nécessairement $n - r$ ou m doit être *égal* à $h \cdot k$

Il faut alors *diviser* le nombre m PAR le nombre h; si l'on trouve pour *quotient* k *fois*, sans *reste*, il y aura *certitude morale* que le *résultat* de la 1ʳᵉ *division* est le *vrai;* car, si véritablement m ou $n - r = k \cdot h$ ou $h \cdot k$, nécessairement $n - r + r = h \cdot k + r$, c'est-à-dire $n = h \cdot k + r$, ce qui *confirme* que h *fois* et r sont bien le *résultat* que doit donner la *division* de n PAR k

D'ailleurs, cette *certitude morale* est suffisante, puisque, encore une fois, la *certitude absolue* ne peut exister pour des *opérations* de longue haleine qui ont la mémoire pour appui; elle n'existe que pour des *vérités logiques*, parce que *celles-là*, étant indépendantes du *système* de la *numération chiffrée*, le sont par conséquent aussi de la mémoire.

2° Le *dividende* n et le *diviseur* k appartiennent-ils à l'un des 3 autres *cas* de la *division* PAR [500], pour chacun desquels elle peut se faire exactement ou non exactement, selon que le nombre n est *multiple* ou *non multiple* de celui k?

Si la *division* du nombre n PAR celui k s'est faite exactement et a donné pour *quotient* h *fois* qui est de l'*espèce voulue;* et si on voit, d'un coup d'œil, qu'on retrouve le chiffre de *droite* du *dividende :* ce n'est pas non plus, ai-je dit, une raison suffisante pour *croire* que ce *quotient* h *fois* est celui *voulu* de *cette espèce*, cela est seulement probable.

Pour augmenter cette *probabilité*, il faut faire une autre opération :

Il faut *multiplier* le *diviseur* k par le nombre h ; si le *produit* h·k n'est autre que le *dividende* n, il y aura *presque certitude* que h *fois* est bien le *résultat vrai.*

Pour augmenter cette *presque certitude*, il faut *diviser* alors le nombre n par celui h ; si l'on trouve pour *quotient* k *fois*, sans *reste*, il y aura *certitude morale* que le *quotient* h *fois* trouvé à la 1ʳᵉ *division* est le *résultat vrai*, puisque les 2 *opérations* l'ont *confirmé :* le nombre k·h étant *le même* que celui h·k,

Si, au contraire, la *division* du nombre n par celui k ne s'est pas faite exactement, et a donné pour *reste* un nombre r *plus petit* que celui k, qui soit, comme le *quotient* h *fois*, de l'*espèce voulue;* et si l'on voit, d'un coup d'œil, qu'on retrouve le chiffre de *droite* du *dividende :* ce n'est pas non plus une raison suffisante pour *croire* que ce soient là le *quotient voulu* et le *reste voulu* de l'*espèce voulue*, il est seulement *probable* que cela est.

Pour augmenter cette *probabilité*, il faut opérer alors comme il vient d'être dit au 1° ci-dessus, et qu'il est par conséquent inutile de répéter.

Il va d'ailleurs sans dire que, dans la *pratique* des *calculs*, chacun est juge du degré de confiance qu'il doit avoir dans la *division* par qu'il vient d'effectuer; aussi arrive-t-il souvent que lorsque le *résultat* est de l'*espèce voulue*, et qu'en *multipliant* le nombre qu'exprime le chiffre de *droite* du *diviseur* par le nombre qu'exprime le chiffre de *droite* du *quotient*, et ajoutant au *produit* celui qu'exprime le chiffre de *droite* du *reste*, s'il est de plusieurs chiffres, on retrouve le chiffre de *droite* du *dividende*, on ne fait pas d'autre opération.

511. Des 4 *cas* de la *division* en.

1° *Aucun* nombre *impair* n ne peut se *diviser* en un nombre *pair* k de parties égales, *plus petit* que lui (1).

---

(1) Ici, comme au n° 501 pour la *division* par, je dis le *diviseur* en *pair* k *plus petit* que le *dividende* n, par un excès de clarté dont on pourrait se dispenser, attendu qu'il doit l'être nécessairement, et voici pourquoi :

2° *L'opération*, pour une telle *division* EN qui est *impossible*, donne toujours k + 1 *parts*, une de *plus* que le nombre de *parts égales* demandé, qui est impossible.

Et si la *division* PAR correspondante, celle du nombre *impair* n PAR le nombre *pair* k qui est toujours *possible*, mais ne se fait jamais *exactement*, donne pour *quotient* h *fois*, et pour *reste* un nombre r *plus petit* que k, et qui DOIT ÊTRE *impair* [501] : sur ces k + 1 *parts*, il y en aura toujours k d'*égales*, chacune de h, et la *part* en *plus* sera ce nombre *impair* r lui-même qui est le *reste* de la *division* PAR ; de sorte que la *part* en *plus* est toujours *plus petite* que le nombre k de *parts égales* demandé, mais peut être *plus petite*, *égale* ou *plus grande* que chacune des k *parts égales* (1).

DÉMONSTRATION du 1°. En effet : s'il était *possible* qu'un nombre *impair* n se *divisât* EN un nombre *pair* k de parties égales, c'est-à-dire EN k nombres *égaux*, chacun de h, on aurait donc l'équivalence *vraie* :

$$n = K \cdot h$$

le nombre h étant *plus grand* que 1, puisque le nombre n est supposé *plus grand* que celui k ;

D'une part : la *division* d'un nombre n EN n parties égales n'est pas *à faire*, puisque l'esprit voit de suite que *cette division* est non-seulement toujours *possible*, mais que chacun de ces n nombres *égaux* est de 1, que le *dividende* n soit *pair* ou *impair*, puisque n = n · 1 ; Ainsi 12 = 12 · 1, 13 = 13 · 1, etc.; c'est là un *axiome* ou une *notion* du *sens commun*.

D'autre part : c'est aussi un *axiome* qu'aucun nombre ne se *divise* EN un nombre de parties égales *plus grand* que lui. Ainsi, puisque 13, par exemple, se *divise* EN 13 nombres *égaux*, chacun de 1, le nombre 13 ne peut se *diviser* EN 14 parties égales, car chaque partie devrait être *plus petite* que 1 ; or il n'existe point de nombre *plus petit* que 1 qui est *indivisible*.

Donc : pour qu'un nombre n *pair* ou *impair*, soit de *ceux* dont la *division* EN k parties égales soit *possible*, il faut pour 1ʳᵉ *condition* qu'il soit *plus grand* que k, et il s'agit de *prouver* que lorsque le *dividende* n est *impair* et le nombre k de parties égales *plus petit* que lui, *pair*, cette *division* EN est *impossible*, il y a toujours une *part* de *plus*, ainsi qu'il est dit au 2°.

(1) Ainsi, les nombres 11, 12, 13, par exemple, ne peuvent se *diviser* EN 5 parties égales. Ils se *divisent* EN 6 *parts*, une de *plus*, dont 5 *égales*, chacune de 2, et la 6ᵉ *part* ou *part* en *plus* est de 1 pour 11, puisque 5 · 2 + 1 = 11 ; de 2 pour 12, puisque 5 · 2 + 2 = 12 ; et de 3 pour 13, puisque 5 · 2 + 3 = 13

Et vous voyez que la *part* en *plus* est *plus petite* que 5, nombre de *parts égales* demandé ; et *plus petite*, *égale* ou *plus Grande* que chacune des *parts égales*, puisqu'elles sont de 2

Or, cela est *impossible*, parce que le *facteur* k étant *pair*, le *produit* k•h serait un nombre *pair* [487], lequel ne pourrait être *égal* au nombre n qui est *impair*.

On peut dire aussi :

On ne saurait avoir n = k•h, n étant *impair* et k *pair*, car on aurait n = h•k, en vertu du *principe* de l'*intervertissement*; de sorte que le nombre *impair* n étant *multiple* du nombre *pair* k, puisque h est *plus grand* que 1, devrait se *diviser exactement* PAR k, qu'il contiendrait h *fois*, ce qui serait en *contradiction* avec la *proposition* du n° 501.

Ainsi, retenez-le bien : de même qu'aucun nombre *impair* n NE PEUT se *diviser exactement* PAR un nombre *pair* k *plus petit* que lui, et que cette *division* donne toujours pour *reste* un nombre *impair* r *plus petit* que k :

De même, IL NE PEUT se *diviser* EN un nombre *pair* k de parties égales *plus petit* que lui; aussi, nous allons voir que l'*opération* pour une *telle division* EN qui est *impossible* donne toujours k + 1 *parts*, tel qu'il est dit au 2° ci-dessus.

DÉMONSTRATION du 2°. En effet : le nombre *impair* n *divisé* PAR le nombre *pair* k donne-t-il véritablement pour *quotient* h *fois*, et pour *reste* un nombre *impair* r *plus petit* que k?

On a donc l'équivalence *vraie* n = h•k + r (A).

Et par conséquent celle-ci est *vraie* aussi, en vertu du *principe* de l'*intervertissement* :

$$n = k•h + r \ (B)$$

Or l'équivalence (B) nous dit, d'une part : que le nombre *impair* n est *plus grand* que k•h, puisqu'il contient le nombre r de plus ;

D'autre part : qu'il est *plus petit* que k•(h + 1) ; car k•(h + 1) c'est k•h + k ; or k•h + r ou n est *plus petit* que k•h + K, puisque r est *plus petit* que k

Et puisque le nombre *impair* n est *plus grand* que k•h et *plus petit* que k•(h + 1) : il est clair que, du moment qu'il n'existe *aucun* nombre entre h et h + 1, il n'existe *aucun* nombre que le nombre *impair* n contienne k *fois* exactement. Ce nombre *impair* n ne se composant pas de k nombres *égaux* NE PEUT donc se *diviser* EN k parties égales, ce qui *démontre* d'une autre manière ce que nous avions déjà *démontré* au 1°.

Mais, ce que nous n'avions pas *démontré* encore, et que nous voyons maintenant par l'*intervertissement* : c'est que le nombre *impair* n se *divise* EN k + 1 *parts*, dont k *égales*, chacune de h, ce qui fait k • h, et la *part* en *plus* est le nombre *impair* r lui-même, *reste* de la *division* PAR correspondante, ce qui justifie bien le 2° ci-dessus.

Ainsi : le nombre 123, par exemple, ne se *divise* pas EN 14 parties égales.ou EN 14 nombres *égaux*, puisque 123 est *impair* et que 14 est *pair*.

Mais il se *divise* EN 15 *parts*, une de plus, dont 14 sont *égales*, chacune de 8, et la *part* en *plus* de 11

On voit, en effet, que 123 *divisé* PAR 14 donne pour *quotient* 8 *fois*, et pour reste 11 , nombre *impair* , c'est-à-dire que 123 = 8 • 14 + 11

Donc 123 = 14 • 8 + 11, c'est-à-dire que 123 se *divise* EN 15 *parts*, dont 14 *nombres* *égaux*, chacun de 8, et la 15° *part* ou *part* en *plus* est le nombre *impair* 11, *reste* de la *division* PAR correspondante.

Le lecteur peut faire des exemples aussi grands qu'il voudra.

512. CONSÉQUENCE. Puisque c'est un *principe* qu'aucun nombre *impair* n ne se *divise jamais* EN un nombre *pair* k de parties égales *plus petit* que lui, mais toujours EN k + 1 *parts*, dont k sont *égales*, chacune d'un certain nombre h quelconque, et la *part* en *plus*, d'un certain nombre r qui DOIT ÊTRE *impair* et *plus petit* que k :

Si l'on cherchait, en effectuant l'*opération* de la *division* EN elle-même, à l'aide des *chiffres*, ce qui pourrait se faire, bien que ce soit incommode : *quel doit-être* ce nombre h et cette *part* en *plus* r ? Il y aurait donc *certitude absolue* qu'on s'est trompé en *calculant*, que l'*opération* est FAUSSE, si l'on avait trouvé pour la *part* en *plus* un nombre *pair*, puisqu'il doit-être *impair*. Mais cela ne veut pas dire que l'*opération* serait nécessairement exacte, si l'on avait trouvé pour la *part* en *plus* un nombre *impair*, la chose pouvant être ou ne pas être, attendu que l'*opération* pourrait être FAUSSE pour d'autres causes.

Remarquez bien toutefois : qu'attendu que, dans la *pratique*, on n'effectue *jamais* la *division* EN, même lorsque c'est *son résultat* que l'on cherche et le seul qu'on ait besoin de connaître, puisqu'on fait toujours *à sa place*, comme plus commode, la *division* PAR correspondante, dont le *résultat* nous permet de connaître *celui* de la *division* EN, que celle-ci soit *possible* ou *impossible* : il s'ENSUIT que la THÉORIE de l'*erreur*, quant à l'*espèce* du *résultat* d'une *division* PAR que j'ai exposée précédemment, n'est pas à renouveler pour la *division* EN, puisqu'on ne la fait *jamais* elle-même ; cette THÉORIE ne s'applique donc qu'à la *division* PAR, soit que ce soit *son résultat* à elle que l'on *cherche*, soit qu'on ne le cherche que *transitoirement*, afin de connaître par lui le *résultat* de la *division* EN correspondante.

Ainsi : en outre de la *division* d'un nombre *impair* n EN un nombre *pair* k de parties égales qui est *impossible* comme nous venons de le voir, il y a encore les 3 *cas* suivants où cette *division* EN est tantôt *possible* et tantôt *impossible*, mais le plus souvent *impossible*, ce qui dépend du *dividende* et du *diviseur* EN qui sont en jeu :

Division d'un nombre *pair* EN un nombre *impair* de parties égales *plus petit* que lui.

Division d'un nombre *pair* EN un nombre *pair* de parties égales *plus petit* que lui.

Division d'un nombre *impair* EN un nombre *impair* de parties égales *plus petit* que lui.

Veut-on savoir, par exemple : si les 2 nombres 156 et 166 *peuvent* se *diviser* ou *non* EN 13 parties égales ?

Ici, le *dividende* est *pair* et le *diviseur* EN *impair*.

On *divise* 156 et 166 PAR 13, ce qui est la *division* PAR correspondante ; et comme 156 = 12 • 13, et aussi 13 • 12 : on sait par là que 156 se *divise* EN 13 nombres *égaux*, chacun de 12

Au contraire : comme 166 = 12 • 13 + 10, et aussi 13 • 12 + 10 : on sait par là que 166 ne se *divise* pas EN 13 parties égales, mais EN 14 *parts*, dont 13 *égales*, chacune de 12, et la *part* en *plus* de 10

Veut-on savoir : si les 2 nombres 252 et 268 *peuvent* se *diviser* ou *non* EN 18 parties égales ?

Ici, le *dividende* et le *diviseur* EN sont *pairs* l'un et l'autre.

On *divise* 252 et 268 PAR 18 ; et comme 252 = 14 • 18, et aussi 18 • 14 : on sait par là que 252 se *divise* EN 18 nombres *égaux*, chacun de 14

Au contraire : comme 268 = 14 • 18 + 16, et aussi 18 • 14 + 16 : on sait par là que 268 ne se *divise* pas EN 18 parties égales, mais EN 19 *parts*, dont 18 *égales*, chacune de 14, et la *part* en *plus* de 16

Eufin, veut-on savoir : si les 2 nombres 357 et 377 se *divisent* ou *non* EN 21 parties égales ?

Ici, le *dividende* et le *diviseur* EN sont *impairs* l'un et l'autre.

On *divise* 357 et 377 PAR 21 ; et comme $357 = 17 \cdot 21$, et aussi $21 \cdot 17$: on sait par là que 357 se *divise* EN 21 nombres *égaux*, chacun de 17

Au contraire : comme $377 = 17 \cdot 21 + 20$, et aussi $21 \cdot 17 + 20$: on sait par là que 377 ne se *divise* pas EN 21 parties égales, mais EN 22 *parts*, dont 21 *égales*, chacune de 17, et la *part* en *plus* de 20

J'ai pris pour exemples des petits nombres pour plus de simplicité, mais le *lecteur* peut les prendre aussi grands qu'il voudra, en ayant soin d'*éviter* un *dividende impair* et un *diviseur* EN *pair*, puisqu'il n'y a pas lieu de *se demander* si un nombre *impair peut* se *diviser* ou *non* EN un nombre *pair* de parties égales *plus petit* que lui, du moment que c'est un *principe fondamental* que cette *division* EN n'est *jamais possible*, et qu'il y a toujours une *part* de *plus* que le nombre de *parts égales* qui serait *demandé* par celui qui ne connaîtrait pas ce *principe*.

513. REMARQUE importante au sujet d'une *division* à effectuer, dans laquelle le *dividende* n serait un nombre *impair* plus grand que 1, et le *diviseur* PAR ou EN un nombre *pair* plus petit que le *dividende* n

Il résulte des *propositions* 501 et 511 qu'il n'y a qu'un *arithméticien* médiocre qui peut perdre son temps :

1° A *calculer*, pour savoir si un nombre *impair* donné peut se *diviser* exactement ou NON exactement PAR un nombre *pair plus petit* que lui, également donné, puisque c'est un *principe fondamental* qu'une telle *division*, qui peut toujours se faire, ne se fait *jamais* exactement.

2° A *calculer*, pour savoir si un nombre *impair* donné peut se *diviser* ou NON EN un nombre *pair* de parties égales donné *plus petit* que lui, puisque c'est aussi un *principe fondamental* qu'une telle *division* EN est *impossible*, qu'il y a toujours une *part* en *plus* ; car, encore une fois, il serait absurde de dire d'une *division* EN qu'elle se fait *exactement* ou *non exactement*, ce langage n'étant applicable qu'à la *division* PAR.

Quand on pense qu'aucune de ces 2 *propositions* n'existe dans M. SERRET (1) qui, depuis plus de 30 ans, publie des *Traités d'arith-*

____

(1) Les autres *propositions* sur les nombres *pairs* et *impairs* ne s'y trouvent pas davantage ; mais, en revanche, on y trouve le *théorème* de FERMAT, celui de

méthique qu'il prétend avoir *revus* et *corrigés*, et mis en harmonie avec les *programmes officiels* qui contiennent *maintes affirmations* si évidemment *fausses* qu'elles sont en *contradiction* avec les *notions* du *sens commun*, et qu'on persiste à enseigner, bien que je les ai *signalées* en 1868, dans le 1ᵉʳ *volume* de mon cours d'*arithmétique savante, sans maître*, c'est-à-dire depuis 10 ans, on ne peut que gémir de voir les ministres approuver de tels programmes, au lieu de rompre avec un enseignement vicieux que la raison saine de la jeunesse repousse, ce qui la prive de la *branche* la plus utile des connaissances humaines.

Voici 2 *questions nouvelles* relatives à ces *propositions*.

Je suppose, lecteur, que votre mère vous dise ceci :

Je viens d'acheter 2 *caisses* de *fruits*. Dans l'une, il y a 127 *pommes*, et dans l'autre 117 *poires*.

Peut-on les consommer en mangeant 12 *fruits* de chaque espèce, par jour? Et si oui : pour combien de *jours* y en a-t-il ?

Sans *calculer*, vous répondriez de suite à votre mère que cela ne se peut, parce qu'il faudrait que 127 et 117 fussent *multiples* de 12, se *divisassent* exactement par 12 ou de 12 en 12, ce qui n'est pas, ces 2 nombres étant *impairs*, alors que 12 qui est le *diviseur* par est *pair* [501].

Si votre mère vous demandait alors ce qu'il y a à faire?

Vous *diviseriez* 127 et 117 par 12; et comme vous verriez que $127 = 10 \cdot 12 + 7$, et que $117 = 9 \cdot 12 + 9$, vous lui diriez :

Quant aux *pommes :* qu'on peut en manger 12, chaque jour, pendant 10 jours, et 7 seulement le 11ᵉ jour.

Quant aux *poires :* qu'on peut en manger 12, chaque jour, pendant 9 jours, et 9 seulement le 10ᵉ jour.

Toutefois : comme il *arrive*, pour les *poires*, que le *reste* de la *division* de 117 par 12 est 9, comme le nombre du *quotient* 9 *fois*, et qu'il est visible qu'on a aussi $117 = 12 \cdot 9 + 9$, c'est-à-dire $13 \cdot 9$ ou $9 \cdot 13$; vous pourriez dire à votre mère : Si vous tenez absolument à ce qu'on mange le *même nombre* de *poires*, par jour, on le peut, soit 9 par jour, pendant 13 jours, c'est-à-dire 3 de moins que vous ne vouliez, soit 13 par jour, pendant 9 jours, c'est-à-dire 1 de plus que vous ne vouliez.

Wilson, et autres encore, dont quelques Savants excentriques, sur 18 *millions* de Français mâles, auront *peut-être* besoin, dans le cours d'une longue vie. Quant aux nombres *pairs* et *impairs* que connaissent les plus ignorants, leur *théorie* n'a jamais été faite par aucun *auteur*.

Supposons, au contraire, que votre *mère* vous ait posé cette *autre question* :

Peut-on consommer les *pommes* et les *poires* en 12 jours, en en mangeant le *même nombre*, par jour? Et si oui : *quel est* ce nombre?

Sans *calculer*, vous lui répondriez de suite qu'on ne peut manger ni le *même nombre* de *pommes*, ni le *même nombre* de *poires*, pendant 12 jours; car il faudrait que les 2 nombres 127 et 117 pussent se *diviser* en 12 parties égales, ce qui est *impossible*, l'opération donnant 13 *parts*, *une* de plus, dont 12 *égales*, puisque ces 2 nombres sont *impairs*, alors que 12 qui est le *diviseur* en est *pair* [509].

Si votre mère vous demandait alors ce qu'il y a à faire?

Vous *diviseriez* ces 2 nombres par 12, comme pour la 1re *question*. Mais comme ce n'est pas le *résultat* de la *division* par, mais celui de la *division* en que vous avez *besoin* de connaitre, vous *intervertiriez*, ce qui vous apprendrait :

$$\text{Que } 127 = 12 \cdot 10 + 7, \text{ et que } 117 = 12 \cdot 9 + 9$$

Vous diriez donc à votre *mère*, quant aux *pommes* : qu'on peut en manger, pendant 12 jours, 10 par jour, et 7 pour le 13e jour.

Et quant aux *poires* : qu'on peut en manger, pendant 12 jours, 9 par jour, et 9 aussi le 13e jour. Et comme il arrive, quant aux *poires* : que c'est 9 pour le 13e jour comme pour les 12 jours, vous lui diriez qu'on pourrait en manger le même nombre, 9 *poires* par jour, pendant 13 jours, 1 jour de plus qu'elle ne voulait; car $12 \cdot 9 + 9$ c'est $13 \cdot 9$; et comme c'est aussi $9 \cdot 13$, on pourrait en manger le *même nombre*, 13 *poires* par jour, pendant 9 jours, ce qui est 3 jours de moins qu'elle ne voulait.

Le lecteur peut faire lui-même d'autres exemples :

514. 1° Tout nombre, sans exception, qui se *divise* en 2 parties égales, c'est-à-dire en 2 nombres *égaux*, est un nombre pair.

2° Réciproquement. Tout nombre pair, sans exception, se *divise* en 2 parties égales, c'est-à-dire en 2 nombres *égaux*.

Démonstration du 1°. En effet : prenons un nombre quelconque de *marrons*, mais *tel* que sa *division* en 2 parties égales n,n soit possible; la *virgule* marquant la *division* on le *partage* en 2 nombres *égaux*, chacun de n;

Il est évident que le nombre *total* n'est autre que n + n ou $2 \cdot n$, c'est-à-dire la *somme* de 2 nombres *égaux* ou *identiques*, chacun de n, et par conséquent un nombre pair, en vertu de la *définition* [452].

Or, ce qui est *vrai* pour un nombre de *marrons*, c'est-à-dire pour un nombre concret *naturel*, est *vrai* aussi pour un nombre concret *artificiel*, c'est-à-dire pour un nombre abstrait *lié* à une *unité*, et aussi pour un nombre purement *abstrait*. Le 1° est donc justifié.

DÉMONSTRATION du 2°. En effet : un nombre ne peut être PAIR qu'à la *condition* d'être la *somme* de 2 nombres *égaux* ou *identiques* : $n + n$ [452]; or un *tel* nombre se *divise* évidemment EN 2 parties égales n, n, chacune de n, ce qui justifie le 2°.

515. 1° A l'exception du nombre 2 : tout autre nombre PAIR, plus grand que 2, se *divise* exactement PAR 2, c'est-à-dire de 2 en 2

Le nombre 2 est *exclu* de cette *proposition*, par la raison qu'un nombre ne se *divise* pas PAR lui-même, c'est-à dire PAR un nombre *égal* à lui.

2° RÉCIPROQUEMENT : TOUT nombre, qui se *divise* exactement PAR 2 ou de 2 en 2, est un nombre PAIR *plus grand* que 2

DÉMONSTRATION du 1°. En effet : tout nombre *pair* plus grand que 2 est compris sous la formule $2 \cdot n + 2$ ou $n + n + 1 + 1$, ou $n + 1 + n + 1$, c'est-à-dire $k + k$ ou $2 \cdot k$, puisque $n + 1$ est un nombre k *plus grand* que 1

Et puisque $k \cdot 2$ exprime le *même nombre* que $2 \cdot k$, et que k est *plus grand* que 1 : tout nombre *pair* compris sous la formule $2 \cdot n + 2$ étant compris sous celle $k \cdot 2$ est un *multiple* du nombre 2, puisque k est plus *plus grand* que 1; un *tel* nombre se *divise* donc exactement PAR 2, puisqu'il le contient k *fois*, plusieurs *fois* exactement, ce qui justifie le 1°.

DÉMONSTRATION du 2°. Le 2° est *évident*. Car tout nombre qui se *divise* exactement PAR 2 contient le nombre 2 plusieurs *fois*, n *fois* exactement, il est donc *égal* à $n \cdot 2$ ou $2 \cdot n$, c'est-à-dire $n + n$, le nombre n étant 2 *au moins*.

Un tel nombre est donc un nombre *pair* plus grand que 2, car c'est celui 4 au moins, puisque n est 2 au moins.

516. REMARQUE importante sur la *définition* des nombres *pairs* et *impairs*. — Puisque tout nombre n qui a la *propriété* de pouvoir se *diviser* EN 2 parties égales k, k est nécessairement la *somme* de 2 nombres *égaux* ou *identiques* $k + k$; et puisque tout nombre n qui est la *somme* de 2 nombres *égaux* ou *identiques* $k + k$ a nécessairement la *propriété* de pouvoir se *diviser* EN 2 parties égales k, k, chacun de ces 2 *faits* étant la conséquence logique ou forcée de l'autre : il est clair qu'au lieu de DÉFINIR les nombres *pairs* et *impairs* par l'idée

5

de *somme* ou d'*addition*, comme j'ai fait au n° 452, on aurait le DROIT de les DÉFINIR par l'idée de *division* EN, de cette autre manière :

On appelle nombre PAIR : tout nombre qui a la *propriété* de pouvoir se *diviser* EN 2 parties égales, c'est-à-dire EN 2 nombres *égaux* ou *identiques*.

Par conséquent, on appelle nombre IMPAIR : tout nombre qui n'a pas cette propriété.

Si j'ai préféré la 1ᵉ DÉFINITION à celle-là, c'est que l'idée de *somme* ou d'*addition* est *antérieure* à l'idée de *division* EN plusieurs parties égales et plus naturelle qu'elle; de plus, elle a l'*avantage* d'avoir une *formule explicite* n + n ou 2 · n, tandis que l'idée de *division* EN 2 parties égales n'est que la conséquence logique *implicite* de cette *formule*, attendu qu'un nombre qui contient un nombre quelconque n, 2 *fois* exactement, se *divise* nécessairement EN 2 nombres *égaux*, chacun de n

517. Un nombre IMPAIR n'a point de MOITIÉ. — Cela est évident. Car, c'est lorsqu'un nombre n se *divise* EN 2 parties égales, qu'on dit de chacun de ces 2 nombres *égaux* qu'il est la *moitié* de n ; et comme ce nombre n est alors *pair* [514], il n'y a que les nombres *pairs* qui ont une *moitié*, les nombres *impairs* n'en ayant pas, puisqu'aucun d'eux ne se *divise* EN 2 parties égales (511).

518. TOUT nombre IMPAIR n, plus grand que 1, est la SOMME de 2 nombres *consécutifs*, et il se *divise* par conséquent EN 2 parties *inégales*, c'est-à-dire EN 2 nombres *inégaux* dont la *différence* est 1 seulement.

DÉMONSTRATION. En effet : tout nombre *impair* plus grand que 1 est compris sous la *formule* 2 · n + 1, c'est-à-dire n + n + 1, et le plus petit de tous, quand n est 1, est le nombre 3 ; or un nombre *impair* est évidemment la *somme* des 2 nombres *consécutifs* n et n + 1, et par conséquent il peut se *diviser* EN 2 nombres *inégaux* dont l'un est n et l'autre n + 1, dont la *différence* est 1 seulement.

Remarquons que si le *plus petit* n est *impair* : le *plus grand* n + 1 est le nombre *pair* suivant ; et si le *plus petit* n est *pair* : le *plus grand* n + 1 est le nombre *impair* suivant.

Ainsi 3 est la *somme* des 2 nombres consécutifs 1 et 2 ; 5 est la *somme* des 2 nombres consécutifs 2 et 3, et ainsi de suite.

519. Un nombre IMPAIR plus grand que 1 étant donné : la MOITIÉ du nombre PAIR précédent est le *plus petit* des 2 nombres consécutifs dont ce nombre IMPAIR est la SOMME ; tandis que la MOITIÉ du

nombre PAIR suivant est le *plus grand* des 2 nombres consécutifs dont ce nombre IMPAIR est la SOMME.

DÉMONSTRATION. En effet : d'une part, tout nombre *impair* $2 \cdot n + 1$ a pour nombre *pair* précédent $2 \cdot n$ dont la *moitié* est n qui est bien le *plus petit* des 2 nombres consécutifs n et $n + 1$, dont la *somme* est le nombre *impair* $2 \cdot n + 1$, quel qu'il soit.

D'autre part : il a pour nombre *pair* suivant $2 \cdot n + 2$ dont la *moitié* est évidemment $n + 1$ qui est bien le *plus grand* des 2 nombres consécutifs n et $n + 1$, dont la *somme* est le nombre *impair* $2 \cdot n + 1$, quel qu'il soit.

Ainsi : veut-on savoir *quels sont* les 2 nombres consécutifs, dont le nombre 37 est la *somme*, ou qui se *divise* EN 2 parties *inégales* qui ne diffèrent que de 1?

Le nombre *pair* précédent étant 36 : on le *divise* par 2 ; et comme $36 = 18 \cdot 2$ ou $2 \cdot 18$, et se *divise* par conséquent EN 2 nombres *égaux*, chacun de 18 qui est donc la *moitié* de 36, on sait par là que 18 et 19 sont les 2 nombres consécutifs dont le nombre 37 est la *somme ;* et aussi que 37 se *divise* en 2 nombres *inégaux* 18 et 19 dont la *différence* est 1

En opérant sur le nombre *pair* précédent, ce qui est le plus naturel, on trouve 18 qui est le *plus petit* des nombres consécutifs. Si on opérait sur le nombre *pair* suivant 38, on trouverait 19 qui est le *plus grand* des 2 nombres consécutifs, et le *plus petit* serait 18

520. QU'APPELLE-T-ON *petite moitié* ou *grande moitié* d'un nombre IMPAIR ?

Tout nombre *impair* plus grand que 1 n'ayant point de *moitié* et se *divisant* EN 2 nombres *inégaux* qui ne diffèrent que de 1 : on CONVIENT de dire du *plus petit* de ces 2 nombres *inégaux* qu'il est la *petite moitié* de ce nombre *impair*, et du *plus grand*, qu'il en est la *grande moitié*.

Ces *dénominations* sont très-naturelles et même *usuelles*. Ainsi une *mère* qui aurait 2 *enfants* et 37 *cerises*, ne pouvant les *partager* également entre eux, en donnerait la *petite moitié* ou 18 au plus jeune, et la *grande moitié* ou 19 à l'aîné ; ce serait le *partage* approchant le plus de l'*égalité* qui est impossible ici. Le plus jeune aurait donc le nombre *pair* et l'aîné le nombre *impair*.

Si elle avait eu 39 *cerises* : le plus jeune en aurait eu 19, nombre *impair*, et l'aîné 20, nombre *pair*.

Nous allons voir que ces 2 *dénominations* sont fort commodes pour exposer d'autres propriétés des nombres.

521. AUCUN nombre *impair* plus grand que 3 ne se *divise* exactement ni PAR sa *petite moitié*, ni PAR sa *grande moitié*.

Et d'abord le nombre 3 est le seul qui se *divise* exactement PAR sa *petite moitié* qui est 1, puisque tout nombre plus grand que 1 se divise exactement PAR 1, c'est-à-dire de 1 en 1 ; mais le nombre 3 ne se *divise* pas exactement PAR sa *grande moitié* qui est le nombre *pair* 2

DÉMONSTRATION. En effet : tout nombre *impair* plus grand que 3 est *compris* sous la *formule* $2 \cdot n + 1$, n étant *plus grand* que 1 ; de plus sa *petite moitié* est n, et sa *grande moitié* $n + 1$

Cela étant : si le nombre n est *pair* : le nombre *impair* $2n + 1$, ne se *divise* pas exactement PAR celui n qui est *pair* [501].

Il ne se *divise* pas exactement non plus PAR celui $n + 1$; car, pour qu'il se *divisât* exactement PAR lui, il devrait le contenir *plusieurs fois*, 2 *fois* au moins : or $2 \cdot (n + 1)$ c'est $n + 1 + n + 1$ ou $2 \cdot n + 2$ qui est *déjà* un nombre *plus grand* que le nombre *impair* $2 \cdot n + 1$

Si le nombre n est *impair* : le nombre *impair* $2 \cdot n + 1$ ne se *divise* pas non plus exactement PAR n, car il devrait le contenir exactement 2 *fois* au moins ; or, $2 \cdot n$ est *plus petit* que $2 \cdot n + 1$, tandis que $3 \cdot n$ ou $2 \cdot n + n$ est *déjà plus grand* que $2 \cdot n + 1$, puisque n est *plus grand* que 1, par supposition, car il s'agit d'un nombre *impair* plus grand que 3

D'ailleurs, quand n est *impair* : $n + 1$, ou la *grande moitié* du nombre *impair* $2 \cdot n + 1$, est un nombre *pair ;* or le nombre *impair* $2 \cdot n + 1$ ne se *divise* pas exactement PAR un nombre *pair* [501].

La *proposition* dont il s'agit est donc justifiée.

522. COMBIEN de nombres y a-t-il de 1 à k ?

RÉPONSE. Il y en a k, ce qui est évident.

523. COMBIEN y a-t-il de nombres *impairs* et COMBIEN de nombres *pairs*, de 1 à k ?

RÉPONSE. Le nombre k est-il *pair*, c'est-à-dire *compris* sous la formule $2 \cdot n$? Il y en a AUTANT de *chaque espèce*, n de chaque, puisque $2 \cdot n$ se *divise* EN 2 parties égales, chacune de n

Cela est évident. Car les nombres commençant par un *impair* et finissant par un *pair*, et étant *alternatifs*, il y en a *autant* de *pairs* que d'*impairs*.

Le nombre k est-il *impair*, c'est-à-dire *compris* sous la *formule*

2·n+1? Les *impairs* sont 1 de *plus* que les *pairs*, puisqu'ils commencent et finissent par un *impair*. Les *pairs* sont donc la *petite moitié* de 2·n + 1, c'est-à-dire n; et les *impairs* sont la *grande moitié*, c'est-à-dire n + 1

524. 1° D'un nombre *plus petit* k à un nombre *plus grand* n, COMBIEN y a-t-il de nombres?

2° COMBIEN y en a-t-il de *pairs* et COMBIEN d'*impairs*?

RÉPONSE au 1°. — Les nombres, de k à n, sont au nombre de n — (k — 1) (A).

Cela est évident. Car les nombres de 1 à n sont n

Or, il faut *retrancher* de n les nombres de 1 à k — 1 qui viennent *avant* celui k, lesquels sont au nombre de k — 1, ce qui justifie la *formule* (A).

RÉPONSE au 2°. — Les 2 nombres k et n sont-ils d'*espèce différente?*

Comme ils commencent par une *espèce* et finissent par l'*autre*, il est évident qu'il y a AUTANT de *pairs* que d'*impairs*, puisqu'ils sont *alternatifs;* le nombre qui se place sous la *formule* (A) est donc alors un nombre *pair;* car si le nombre des *pairs* est h, *pair* ou *impair*, celui des *impairs* est h aussi; d'où suit que le nombre des *pairs* et *impairs* ensemble est h + h ou 2·h, c'est à-dire un nombre *pair*, en vertu de la *définition* (452).

Ainsi, de 5 à 20; comme k — 1 est ici 4, il y a 20 — 4 ou 16 nombres. Or la *moitié* de 16 étant 8, il y a 8 nombres *impairs* et 8 *pairs*.

De même, de 6 à 21; comme k — 1 est 5, il y a 21 — 5 ou 16 nombres, dont 8 *pairs* et 8 *impairs*.

Les 2 nombres k et n sont-ils de *même espèce?*

S'ils sont *impairs :* les nombres *impairs* sont 1 de *plus* que les nombres *pairs*, puisqu'ils commencent et finissent par un *impair*. Le nombre qui se place sous la *formule* (A) est donc alors un nombre *impair*.

Ainsi : de 7 à 21, il y a 21 — 6 ou 15 nombres. La *petite moitié* de 15 étant 7, et la *grande moitié* 8, il y a 7 nombres *pairs* et 8 *impairs*.

S'ils sont *pairs :* les nombres *pairs* sont 1 de *plus* que les nombres *impairs*, puisqu'ils commencent et finissent par un nombre *pair*. Le nombre qui se place sous la *formule* (A) est donc encore un nombre *impair*.

Ainsi, de 8 à 22, il y a 22 — 7 ou 15 nombres, et par suite 7 *impairs* et 8 *pairs*.

525. 1° Combien y a-t-il de nombres *intermédiaires* entre ceux k et n?

2° Combien de ces *intermédiaires* sont-ils *pairs* et combien sont-ils *impairs?*

Réponse au 1°. — Puisque les 2 *extrêmes* k et n sont *exclus*, le nombre des *intermédiaires* est 2 de *moins* que le nombre de ceux de k à n; leur nombre est donc donné par la *formule* du n° précédent, *moins* 2; c'est-à-dire par celle n — (k — 1) — 2;

Mais il est donné aussi par celle-ci qui est plus simple qu'elle :

$$n - (k + 1) \qquad (B)$$

Démonstration. En effet : le *plus petit* des *intermédiaires* entre les nombres k et n est k + 1, et le *plus grand* est n — 1;

Or, de même que les nombres, depuis celui k jusqu'à celui n, sont au nombre de n — (k — 1) [524, 1°]:

De même tous ceux, depuis celui k + 1 jusqu'à celui n — 1, sont au nombre de n — 1 — (k + 1 — 1), c'est-à-dire de n — 1 — k ou n — (k + 1), ce qui est bien la *formule* (B).

Les *applications* de cette *formule* (B) vont se présenter dans les *réponses* au 2°.

Réponse au 2°. — Les 2 nombrès k et n sont-ils d'*espèce différente?*

Par la raison dite au 2° du n° précédent, il y a autant d'*intermédiaires pairs* que d'*impairs*, et leur nombre *total* qui se place sous la *formule* (B) est un nombre *pair.*

Ainsi : le nombre des *intermédiaires* entre 5 et 20 est 20 — 6 ou 14, dont la *moité* est 7; il y a donc 7 *intermédiaires impairs* et 7 *pairs.*

De même : le nombre des *intermédiaires* entre 6 et 21 est 21 — 7 ou 14, dont 7 *pairs* et 7 *impairs.*

Les 2 nombrès k et h sont-ils de *même espèce?*

Par la raison dite au 2° du n° précédent : s'ils sont *impairs*, les *intermédiaires impairs* sont 1 de plus que les *pairs*. Le nombre qui se place sous la *formule* (B) est donc alors un nombre *impair.*

Ainsi : entre 7 et 21, il y a 21 — 8 ou 13 *intermédiaires*. La *petite moitié* de 13 étant 6 et la *grande moitié* 7 : il y a donc 6 intermédiaires *pairs* et 7 *impairs.*

S'ils sont *pairs* : les *intermédiaires pairs* sont 1 de plus que les *impairs*. Le nombre qui se place sous la *formule* (B) est donc encore un nombre *impair.*

Ainsi : entre 8 et 22, il y a 22 — 9 ou 13 *intermédiaires*. Les intermédiaires *impairs* sont donc 6 ou la *petite moitié*, et les *pairs* sont 7 ou la *grande moitié*.

526. REMARQUE. — Si l'on fait k = 1, dans la *formule* n — (k + 1) du n° précédent, on obtient celle-ci :

$$n - 2$$

qui est la *formule* du nombre des *intermédiaires* entre 1 et n

Si n est *pair* : le *plus petit* intermédiaire 2 étant *pair*, et le *plus grand* n — 1 étant *impair*, les 2 *extrêmes* 2 et n — 1 sont d'*espèce différente*, et il y a *autant* d'intermédiaires *pairs* que d'*impairs*. E en effet, quand n est *pair* et *plus grand* que 2, n — 2 est un nombre *pair* [476] qui se *divise* par conséquent EN 2 parties égales (514, 2°).

Si n est *impair* : le *plus petit* intermédiaire 2 étant *pair*, et le *plus grand* n — 1 étant *pair* aussi, les 2 *extrêmes*, 2 et n — 1, sont de *même espèce*, et les intermédiaires *pairs* sont 1 de *plus* que ceux *impairs*. Et en effet, quand n est *impair*, n — 2 est un nombre *impair* [478, 2°]

Ainsi : le nombre des *intermédiaires* entre 1 et 20 est 20 — 2 ou 18 ; les 2 *extrêmes* étant 2 et 19, c'est-à-dire d'*espèce différente*, il y a donc *autant* de *pairs* que d'*impairs*, 9 de chaque espèce, puisque la *moitié* de 18 est 9

Le nombre des *intermédiaires* entre 1 et 21 est 21 — 2 ou 19 ; les 2 *extrêmes* étant 2 et 18, c'est-à-dire de *même espèce*, les nombres *pairs* sont donc 1 de *plus* que les *impairs ;* ils sont donc 10 ou la *grande moitié* de 19, et les *impairs* 9 ou la *petite moitié.*

Remarquez que toutes les *propositions* qui ont suivi celles du n° 468 au n° 496 *portent* comme elles sur des *propriétés* qu'ont les nombres *en soi*, puisque la *démonstration* des unes comme des autres en a été faite *indépendamment* de tout *système* de *numération chiffrée* que l'on adopte pour *exprimer* les nombres ; elles sont donc *vraies*, quel que soit le nombre *pair* ou *impair* qui serve de BASE pour les exprimer. Si j'ai pris tous les exemples, dans notre *système*, dont la BASE est le nombre *pair dix*, c'est qu'il est le *seul* en usage parmi les *peuples* de l'*Europe* et de l'*Amérique*. Pour abréger, je n'ai mis en jeu que des *petits* nombres, mais le *lecteur* peut en prendre d'aussi *grands* qu'il voudra.

J'ajoute que toutes les propositions que j'ai exposées jusqu'à présent sur les nombres *pairs* et *impairs* sont *élémentaires* et *utiles* à connaître, voyons maintenant ce qu'en dit M. SERRET.

527. Qu'enseigne M. Serret sur les nombres *pairs* et *impairs ?*
Réponse. *Rien, rien, rien.*

Si le lecteur en doute, je l'engage à lire son *édition* de 1875 qui contient sa dernière pensée ; il y verra qu'il n'y consacre même pas un article spécial à la *définition* de ces 2 *espèces* de nombres, elle y arrive *incidemment* à son n° 83 qui est consacré à toute autre chose ; et quelle *définition* en donne-t-il ? c'est à peine croyable, vous allez en juger :

1° Un nombre est dit *pair* ou *impair*, suivant qu'il est *divisible* ou *non divisible* par 2

2° D'après cela, on voit qu'un nombre est *pair* ou *impair*, suivant que le chiffre de ses *unités* est *pair* ou *impair.*

3° Zéro, 0, est *considéré* comme un chiffre *pair.*

Voilà toute sa doctrine, car il n'y revient plus. Ainsi un sujet, qui a demandé environ 100 *pages*, est donné par lui en 5 *lignes* contenant 3 *points* ou *affirmations* (1) que j'ai *numérotées*, dans l'intérêt de ma critique, attendu que ce sont autant d'*erreurs* ou d'idées *fantaisistes* que l'*arithmétique* repousse.

Quant au 1° : je n'attaque pas, dans sa *définition*, le droit qu'il s'attribue de sous-entendre le mot *exactement*, puisqu'il s'y est autorisé par son n° 76. J'observe toutefois qu'il n'est pas *correct* de sous-entendre, dans un intérêt mercantile, le mot le plus important d'une *définition.*

Ainsi, cette *idée-mère* des nombres *pairs* et *impairs*, dont la fécondité est si merveilleuse et si utile à connaître, puisqu'il a fallu environ 100 pages pour développer sa *filiation*, n'engendre plus, dans la doctrine de M. Serret, que 3 *avortons*, ainsi que je vais le prouver.

Et d'abord : j'attaque cette *définition* comme très-mauvaise, en vertu de ce *principe* connu de tous les penseurs : qu'une bonne définition doit convenir à tous les *êtres définis*, et ne convenir qu'a *eux.* Or, le nombre 4 est le *plus petit* ou le premier de tous les nombres qui se *divisent* exactement par 2 qu'il contient 2 *fois*, puisque

---

(1) Pendant plus de 50 ans, dans ses *éditions* successives, il a formulé une 4° *affirmation* qui est celle-ci : il est évident que les nombres sont alternativement *pairs* et *impairs.*

Il s'est aperçu, sans doute, que cette affirmation *vraie* n'était pas pour cela *évidente*, et il l'a *supprimée* pour n'être pas tenu d'en donner la *démonstration* qui eût contrarié son but : *faire un traité d'arithmétique en un seul volume*, afin qu'il soit plus aisément vendable, et pour un tel but, il tronque la *vérité* et il obscurcit la science.

2 + 2 ou 2•2 c'est 4. De même 6 est le nombre suivant qui se *divise* exactement PAR 2 qu'il contient 3 *fois*, puisque 2 + 2 + 2 ou 3•2 c'est 6 ; et ainsi de suite.

Cette *prétendue définition* convient donc, sans doute, à tous les nombres *pairs* plus grands que 2, et ne convient qu'à *eux* ; mais elle *exclut* celui 2 qui ne se *divise* pas PAR 2 ; or, le nombre 2, *exclu* par M. Serret, est le plus petit ou le 1ᵉʳ de tous les nombres *pairs*, et c'est justement *celui* qui est connu de tout le monde, même des personnes les plus étrangères à la science, puisqu'on dit une *paire* de *gants*, une *paire* de *pigeons*, une *paire* de *bœufs*, et enfin, de toutes choses *semblables : les deux* font la *paire*.

Comme vous voyez, lecteur, M. SERRET a la main fort malheureuse. Ayant à choisir entre 2 *définitions parfaites*, comme vous l'avez vu ã la *remarque* du n° 516, il prend de préférence une 3ᵉ *définition* qui ne vaut rien, puisqu'elle ne convient pas à tous les nombres *pairs*, et qu'elle *exclut* le plus connu de tous.

Mais, dira M. SERRET : mon opinion est que tout nombre se *divise* exactement PAR lui-même, et par suite, que le nombre 2 se *divise* exactement PAR 2, et est par conséquent un nombre *pair*. Prouvez-le, Monsieur, car le mot *diviser, partager* s'y oppose, et toute *affirmation* vraie qui n'est pas un *axiome* se prouve dans la science qui n'est pas tenue d'accepter vos *fantaisies*. Or, si c'est un *axiome* que le nombre 2 contient *une fois* exactement le nombre 2, d'où suit que 2 = 1•2, ce n'est pas un *axiome* que 2 se *divise* exactement PAR 2 ; il ne se *divise* PAR 2, ni exactement, ni non exactement. Je vous donne 2 *œufs* ou 2 *hommes*, et je vous porte le *défi* de les *diviser* PAR 2, car il faut faire 2 *parts* au moins, *égales* ou *inégales*, pour qu'il y ait *division* ou *partage*. Si je vous en donnais 3, vous pourriez les *diviser* PAR 2, puisque 3 est *plus grand* que 2, et alors il y aurait 2 *parts* inégales, l'une de 2 *œufs* ou de 2 *hommes*, et l'autre de 1 seul. Mais avec 2 *œufs* ou 2 *hommes :* si l'une des 2 *parts* POUVAIT ÊTRE de 2 *œufs* ou de 2 *hommes*, il faudrait donc que l'autre *part* fût *zéro* ou *rien ; zéro* ou *rien* entendez-vous ! or, si vous étiez l'un des héritiers légitimes d'un parent qui eût *testé* ainsi : je laisse pour héritage 2 *maisons* dont on fera 2 *parts*. L'une des 2 *parts* comprenant les 2 *maisons*, je la lègue à la sœur de M. SERRET, et l'autre *part* à M. SERRET lui-même. Je suis certain que vous demanderiez la *nullité* de ce testament comme n'étant pas l'*acte* d'un esprit *sain ;* et il serait *cassé*, je suppose, à moins que le *testateur* n'eût expliqué, dans l'acte même, pour quels *griefs* il vous traitait si ironiquement.

Mais, s'il en est ainsi, pourquoi enseignez-vous à vos *disciples* que le nombre 2 se *divise* PAR 2, et en général que tout nombre se *divise* PAR lui-même ?

Direz-vous qu'en enseignant que le nombre 2 se *divise* PAR 2, vous entendez qu'il se *divise* EN 2 parties égales, de même qu'en enseignant que celui 13, par exemple, se *divise* PAR 13, vous entendez qu'il se *divise* EN 13 parties égales, attendu que vous avez eu le soin de *définir* la *division* de telle manière que les 2 *sortes* se trouvent confondues en une seule ?

Et où puisez-vous le *droit* de la *définir* ainsi ? le mot *division*, *partage*, n'est-il pas un mot vulgaire dont vous détruisez le *sens*, sans daigner dire à vos disciples, dans quel intérêt vous lui en attribuez un autre que le sien ? c'est encore là une *idée fantaisiste*, puisque chacune des 2 *sortes* de *divisions* a sa *raison d'être* dans l'esprit humain, sans quoi la *langue-mère* ne les exprimerait pas différemment. Pourquoi donc n'auraient-elles pas aussi leur *raison d'être* dans la science ? Cette *raison d'être* y existe si bien, elle y est si nécessaire, que c'est surtout cette confusion que vous faites de 2 idées *distinctes* qui rend votre interprétation de l'*arithmétique* obscure et vicieuse. Sans doute, dans la pratique, tout *calculateur* qui a besoin de connaître le *résultat* d'une *division* EN, dans le concret, car le *dividende* est toujours un nombre concret, dans la pratique, effectue, *à sa place*, la *division* PAR correspondante, dans l'abstrait ; mais il agit ainsi sciemment, volontairement, parce que la *division* PAR effectuée à l'aide des *chiffres* lui est plus commode que la *division* EN, et que de son *résultat*, il déduit de suite celui de la *division* EN, le seul dont il ait besoin ; or, il ne résulte pas de cet *acte* de liberté et de raison que les 2 *sortes* de *divisions* se confondent en une seule ; il constate, au contraire, que la *division* PAR, lorsque ce n'est pas son *résultat* à elle qu'on a besoin de connaître n'est que *transitoire*, puisqu'elle sert à connaître celui de la *division* EN, qui est celui que l'on cherche.

Ainsi, la *division* PAR 2 ou de 2 en 2 de tout nombre *plus grand* que 2 est toujours *possible ;* seulement, elle se fait exactement si le *dividende* est *pair*, et non exactement s'il est *impair*, puisqu'alors elle donne pour *reste* 1 ; 12 *divisé* PAR 2 donne pour *quotient* 6 *fois*, sans *reste*, puisque 12 = 6·2 ; 13 *divisé* PAR 2 donne pour *quotient* 6 *fois*, et pour *reste* 1, puisque 13 = 6·2 + 1

Les choses sont-elles les mêmes pour la *division* EN que vous confondez avec la *division* PAR, dans votre *définition* de la *division*? voyons, examinons :

La *division* de 12 EN 2 parties égales est *possible*, et elle donne pour chacune d'elles, dite la *moitié* de 12, le nombre 6, puisque $12 = 2 \cdot 6$; car, par la *division* EN, on cherche un *combien*, et non un *combien* de *fois* que l'on cherche seulement par la *division* PAR; or le *combien*, le nombre 6, est-il la même chose que le *combien* de *fois*, que 6 *fois*?

Quant à la *division* du nombre 13 EN 2 parties égales ou EN 2 nombres *égaux*, *celle-là* est à jamais *impossible*, il y a une *part* de *plus*, savoir :

2 parts égales, chacune de 6, et la *part* en *plus* de 1, puisque $13 = 2 \cdot 6 + 1$

Or, est-ce que 6 est la même chose que 6 *fois*? et une *division* EN *impossible* est-ce la même chose qu'une *division* PAR *possible*?

Je sais bien que 6 *fois* et 6 ne diffèrent que par l'*idée* de *fois* que vous supprimez arbitrairement, parce qu'elle vous gêne, dans le but que vous poursuivez, bien qu'elle joue un rôle immense et nécessaire dans la langue scientifique comme dans la langue parlée; mais passons au *concret* qui rendra cette *suppression* plus criante encore.

Je suppose que votre *salon* a 10 *mètres* de *longueur*. Si on le divise mentalement PAR 2 *mètres* ou de 2 *mètres* en 2 *mètres*, on trouve qu'il contient la longueur 2 *mètres*, 5 *fois* exactement, puisque $5 \cdot 2$ *mètres* $= 10$ *mètres*.

Si on le *divise*, au contraire, EN 2 parties égales, on trouve que chacune d'elles, dite la *moitié* de 10 *mètres*, est de 5 *mètres*, puisque $2 \cdot 5$ *mètres* $= 10$ *mètres*.

Or, est-ce que 5 *mètres* est la même chose que 5 *fois* ou que 5?

Certes, vous ne parviendriez pas à le faire croire à vos disciples, aussi avez-vous le soin de vous tenir dans l'*abstrait*, parce qu'il vous est plus facile de leur faire *avaler* que 5 *fois* et 5 sont la même chose, que de leur faire *avaler* que 5 *mètres*, 5 *livres*, etc., sont la même chose que 5 *fois* ou 5; vous espérez que la *suppresssion* d'une chose aussi *futile* pour vous que le *point* ou l'*idée* de *fois* sera aussi sans importance pour eux, en quoi vous avez grand tort, car c'est dans l'*idée* de *fois* que se trouve la lumière (1).

(1) La *théorie* des nombres *pairs* et *impairs* fait ressortir d'une manière éclatante combien il est avantageux d'exprimer l'idée de *fois*, et de le faire par le *Signe* ∙, c'est-à-dire d'écrire $3 \cdot 4$, $a \cdot b$, ce qui met les bœufs *devant* la charrue, au lieu de 4×3, $b \times a$, ce qui met la charrue *devant* les bœufs.

Je ne continue pas la *discussion* des différences qui existent entre les 2 *sortes* de *divisions*, puisque je les ai signalées précédemment, et qu'il est établi surabondamment que la *définition* par laquelle M. Serret confond les 2 *sortes* en une seule est aussi mauvaise que sa *définition* des nombres *pairs* qui, en excluant celui 2, le *range*, par cela même, parmi les nombres *impairs*, puisque c'est une vérité incontestable que le nombre 2 ne peut se *diviser* par 2, ni exactement, ni non exactement, la fantaisie de M. Serret n'étant pas suffisante pour que cela soit possible.

Quant au 2° : c'est aussi une *idée fantaisiste* non moins audacieuse que celle du 1°.

Tandis qu'un *chiffre* est dit *pair* ou *impair*, selon qu'il sert à exprimer un nombre *pair* ou un nombre *impair*, car un *chiffre* n'étant pas *pair* ou *impair* par sa propre vertu comme un nombre doit tirer sa *dénomination* de celle du nombre qu'il exprime, M. Serret renverse ce fait naturel, il fait dépendre ici l'*espèce* du nombre de la *dénomination* du *chiffre* de ses *unités simples*, puisque, au lieu de dire qu'un nombre est *pair* ou *impair*, selon que le nombre de ses *unités simples* est *pair* ou *impair*, il dit, selon que le *chiffre* de ses *unités* est *pair* ou *impair*.

D'ailleurs, alors même que la *rédaction* en serait correcte, en quoi ce *fait vrai* serait-il évident?

Il n'y a que les *axiomes* qui soient évidents, parce que l'évidence existe alors dans la *valeur* même que nous attribuons aux *mots* qui constituent l'*affirmation*. Ainsi la ligne *droite* est la plus *courte* d'un point à un autre; le *tout* est *plus grand* que sa *partie;* aucun nombre ne se *divise* par un nombre *plus grand* que lui, ni même *égal* à lui, mais il se *divise* par un nombre *plus petit* que lui, soit exactement, soit non exactement, etc., etc., sont de *vrais axiomes*, c'est-à-dire des vérités acceptées de suite par tout le genre humain. Mais certes, ce n'est pas un *axiome* qu'un nombre soit *pair* ou *impair*, suivant que le nombre de ses *unités simples* est *pair* ou *impair*. C'est là une *vérité*, sans doute, dans notre *système* de *numération chiffrée* qui a pour *base* le nombre *pair dix*, et dans tout autre *système* dont la *base* serait aussi un nombre *pair;* mais cette vérité a besoin d'être *démontrée*, après avoir dit d'*abord* quels sont les *nombres* qui sont dits *pairs* et ceux dits *impairs*, ce que M. Serret oublie de faire, de sorte que si ses *disciples* ne le savaient pas, par instinct, ils seraient fort embarrassés.

J'ajoute que cette vérité est d'autant plus à *démontrer* que ce serait une *erreur* dans un *système* dont la *base* serait un nombre *impair*. Ainsi, dans la *base onze*, par exemple, 17 exprime le nombre *pair* 18, bien que le *chiffre* des *unités simples*, 7, soit un chiffre *impair;* car 1 au 2ᵉ *rang* y valant *onze*, par *convention*, 17 vaut 11 + 7 ou 18·

Quant au 3° : le mot *considéré*, dans l'application qu'en fait M. SERRET, est plus que ridicule, la science n'admettant pas des mots de cette espèce. Considéré *par qui* et *pourquoi?* M. SERRET est muet sur ces 2 points, mais je puis répondre pour lui.

Il est considéré comme chiffre *pair* par M. SERRET, c'est encore là une de ses *fantaisies*, seulement ici sa fantaisie tombe juste, et voici pourquoi :

Je l'ai appelé, moi, avec raison, chiffre *neutre*, parce qu'un chiffre est dit *pair* ou *impair*, suivant qu'il exprime un nombre *pair* ou *impair;* cette dénomination a donc sa *raison d'être*, quant aux chiffres *significatifs*, mais le chiffre 0 n'exprimant aucun nombre est donc un chiffre *neutre*.

D'ailleurs, si je ne puis le *considérer* comme un chiffre *pair*, puisqu'il ne l'est pas, j'ai du moins le *droit* de dire de lui qu'il *marche* avec les chiffres *pairs*, en en donnant la raison. Pourquoi ai-je ce *droit?* parce que, dans toute *base* à nombre *pair*, comme dans toute *base* à nombre *impair*, l'espèce du nombre exprimé est *la même*, que le 1ᵉʳ chiffre de *droite* soit le chiffre *neutre* 0 ou un chiffre *pair*. Ainsi, dans notre *système* dont la *base* est le nombre *pair* 10 : que le 1ᵉʳ chiffre de *droite* soit celui 0 ou un chiffre *pair*, le nombre total exprimé est toujours un nombre *pair;* tandis que si le 1ᵉʳ chiffre de *droite* était *impair*, le nombre total exprimé serait un nombre *impair*, ce qui tient à la *convention* du *rang* et à la *proposition* 469; et il en serait de même pour toute autre *base* à nombre *pair*.

Le 0 *marche* aussi avec les chiffres *pairs*, lorsque la *base* est un nombre *impair*, et voici pourquoi :

Si l'*ensemble* des *chiffres* qui sont à la *gauche* du 1ᵉʳ chiffre de *droite* exprime un nombre *pair*, ce qui a lieu lorsqu'ils sont tous *pairs*, avec ou sans *zéros*, ou que les chiffres *impairs* y sont en nombre *pair:* que le 1ᵉʳ chiffre de *droite* soit celui 0 ou un chiffre *pair*, le nombre total exprimé sera un nombre *pair*, puisque *pair* + *zéro* fait *pair*, de même que *pair* + *pair* fait *pair;* tandis que si le 1ᵉʳ chiffre de *droite* était *impair*, le nombre total exprimé serait aussi *impair*, puisque *pair* + *impair* fait *impair*.

De même : si l'*ensemble* des chiffres qui sont à la *gauche* du 1ᵉʳ chiffre de *droite* exprime un nombre *impair*, ce qui a lieu lorsque les chiffres *impairs* y sont en nombre *impair*, quels que soient les autres chiffres :

Que le chiffre de *droite* soit alors celui 0 ou un chiffre *pair*, le nombre total exprimé sera un nombre *impair*, puisque *impair + zéro* fait *impair*, de même qu'*impair + pair* fait *impair;* tandis que si le 1ᵉʳ chiffre de *droite* était *impair*, le nombre total exprimé serait *pair*, puisque *impair + impair* fait *pair*.

Et puisque, dans toute *base* à nombre *pair* ou à nombre *impair*, le nombre exprimé est de *même espèce*, quand le 1ᵉʳ chiffre de *droite* est 0 ou un chiffre *pair*, et d'*espèce différente*, quand le 1ᵉʳ chiffre de *droite* est 0 ou un chiffre *impair*, il est évident que le *zéro* ou chiffre NEUTRE *marche* toujours avec les chiffres *pairs*, quant à l'*espèce*.

Mais cela M. SERRET ne pouvait le dire, puisque c'est la *conséquence* de la *théorie* des nombres *pairs* et *impairs*.

Comme vous voyez, lecteur, les 3 *affirmations* de M. SERRET, et les 4 même, en y comprenant *celle* qu'il a retirée, sans dire pourquoi, n'ont pas même la valeur du chiffre *neutre*, 0 ou rien, or, c'est là tout ce qu'il enseigne à ses *disciples*, quant aux nombres *pairs* et *impairs;* aussi peut-on dire, avec vérité, que son *traité d'arithmétique* qu'il tient pour *raisonnée* n'est, dans une foule de cas, qu'un pur *barême*, et un *barême* dangereux, puisqu'il contient beaucoup trop d'*affirmations* de *fantaisie* qui faussent le jugement.

Je termine ce petit ouvrage par le *dialogue* suivant qui offrira au *lecteur* un intérêt fort réjouissant, que complétera la curieuse remarque qu'il le suit.

528. DIALOGUE supposé entre un *lecteur* de cet ouvrage et un *disciple* de M. SERRET.

Je suppose, lecteur, que vous êtes en visite chez un de vos amis, disciple de M. Serret, au moment où il vient de terminer une *division* PAR considérable et fatigante, et où il va s'occuper de la *vérifier*. Vous avez vu, d'un coup d'œil, que le *dividende* et le *diviseur* PAR sont 2 nombres *impairs*, et que le *quotient* et le *reste* qu'il a trouvés sont 2 nombres *pairs*, ce qui est le 2ᵉ *cas* du n° 508; vous avez donc la *certitude* absolue que son *résultat* est *faux*, et il va s'établir entre vous et lui le *dialogue* suivant.

VOUS. Vous allez vérifier votre *division* ?

Lui. Oui. Je crains de m'être trompé, et je veux savoir ce qui en est.

Vous. Et que ferez-vous pour le savoir?

Lui. Je ferai la *preuve*, parbleu!

Vous. Et si la *preuve* réussit, aurez-vous la *certitude* que le *résultat* que vous avez trouvé est le *vrai?*

Lui. Non pas la *certitude*, puisque M. Serret enseigne que non, mais une très-grande présomption qu'il en est ainsi.

Vous. Et par conséquent, vous vous en tiendrez à votre *preuve?*

Lui. Sans doute. Car lorsque la *preuve* confirme le *résultat* trouvé, il faut bien s'en tenir là, à moins de calculer éternellement.

Vous. Mais on peut se tromper dans la *preuve* de la *division* comme on s'est trompé dans la *division* elle-même, et cette *erreur* pourrait bien être *telle* qu'elle fît croire *vrai* un *résultat* qui serait *faux.*

Lui. Sans doute, mais cela n'est pas probable. D'ailleurs, feriez-vous autrement en pareil cas?

Vous. Dans votre *cas* que j'ai là sous les yeux, bien certainement je ferais autrement.

Lui. Et que feriez-vous?

Vous. Je saurais qu'il n'y a pas lieu de *vérifier* si votre résultat est *vrai* ou *faux*, mais de le *rectifier*, car j'ai la *certitude* qu'il est *faux.*

Lui. Vous voulez rire, sans doute?

Vous. Vous vous trompez sur mon *intention* comme vous vous êtes trompé dans votre *division.*

Lui. Je vois que c'est un parti pris chez vous de me plaisanter, mais je vous pardonne, parce que nous sommes en *avril*, et que c'est, sans doute, un gros *poisson d'avril* dont vous me gratifiez par votre visite.

Vous. Non encore une fois, je ne plaisante pas en matière aussi sérieuse, et surtout avec un ami tel que vous. Je vous affirme donc sur l'honneur que votre *résultat* est *faux.*

Lui. Cela devient sérieux. Et comment le savez-vous, puisque vous n'avez pas fait la *division.*

Vous. Il n'est pas nécessaire que je la fasse pour avoir la *certitude* qu'elle est *fausse.* J'affirme donc que l'un des 2 au moins, du *quotient* et du *reste* que vous venez de trouver est *faux*, et peut-être même sont-ils *faux* tous les 2; aussi, au lieu de faire la *preuve*, je vous engage à recommencer l'opération, non pour la *vérifier*, mais pour la *rectifier*, puisqu'elle est *fausse*.

Lui. Je vais la recommencer. Il calcule de nouveau, et au lieu de 2 nombres *pairs* qu'il avait trouvés d'abord pour *quotient* et pour *reste*, il trouve maintenant 2 nombres *impairs*, ce qui est le 3ᵉ *cas* du nᵒ 508. Il se tourne donc vers vous et vous dit : vous aviez raison, ils étaient *faux* tous les 2

Vous. Et qu'allez-vous faire maintenant?

Lui. Je vais faire la preuve.

Vous. Gardez-vous en bien, car il n'y a pas encore lieu.

Lui. Et pourquoi pas?

Vous. Parce que j'ai aussi la *certitude* que votre 2ᵉ *résultat* est *faux* comme le 1ᵉʳ; il n'y a donc pas lieu de le *vérifier*, mais de le *rectifier*.

Lui. Je vais la recommencer une 3ᵉ fois, car je prends confiance dans vos affirmations; et après avoir calculé de nouveau, il vous dit : vous êtes donc *sorcier*, car je trouve maintenant un *résultat* différent des 2 précédents. Que pensez-vous de *celui-là?*

Vous. Je vous déclare d'abord que je ne suis pas *sorcier;* je sais seulement des choses que vous ne savez !pas, puisque M. Serret n'a pu vous les enseigner; c'est là une *idée* toute nouvelle, dont le *père* est un homme de 83 ans qui dévoue sa veillesse à l'instruction de la jeunesse; et comme vous voyez qu'il vient de trouver pour *résultat* 2 nombres d'*espèce différente*, mais *tels* qu'en *multipliant* le nombre exprimé par le 1ᵉʳ chiffre de *droite* du *diviseur* par celui qu'exprime le 1ᵉʳ chiffre de *droite* du *quotient*, et ajoutant au *produit* le nombre exprimé par le 1ᵉʳ chiffre de *droite* du *reste*, vous voyez, d'un coup d'œil, qu'on ne retrouve pas le 1ᵉʳ chiffre de *droite* du *dividende*, vous lui dites : votre 3ᵉ *résultat* est encore à *rectifier*, car il est *faux* comme les 2 précédents.

Lui. J'ai une foi aveugle dans vos affirmations, et pour vous le prouver, je recommence l'*opération* une 4ᵉ fois, bien que ce soit fort ennuyeux. Il calcule de nouveau, et trouvant un *résultat* différent des 3 précédents, il vous dit : Vous aviez encore raison, mais que pensez-vous de *celui-là,* suis-je enfin délivré?

Vous. Comme le *quotient* et le *reste* qu'il a trouvés sont d'*espèce différente*, et que le chiffre de *droite* du *diviseur*, du *quotient* et du *reste*, sont maintenant *tels* que vous voyez, d'un coup d'œil, que le

1er chiffre de *droite* du *dividende* se trouve *reproduit*, vous lui dites :

Quant à votre 4e *résultat*, je n'ai ni la *certitude* qu'il soit *faux*, ni la *certitude* qu'il soit *vrai*, je suis dans le *doute*, quant à *celui-là;* il peut être *vrai*, il peut être *faux*, je l'ignore, *mon savoir est épuisé;* vous n'avez donc pas à le *rectifier*, mais à le *vérifier*, en faisant ce qu'on appelle improprement la *preuve* (1).

Lui. Après avoir fait la *preuve* qui confirme le 4e *résultat*, il vous demande si vous avez quelque observation à lui faire.

Vous. Aucune. Je pense qu'il y a *presque certitude* que vous avez enfin le résultat *vrai*. Quant à la *certitude absolue*, logique ou mathématique, la science est impuissante à la donner ; mais elle enseigne, dans *certains cas*, comme vous venez de le voir, et c'est beaucoup, qu'il y a *certitude absolue* que le résultat trouvé est *faux. Dans certains cas seulement*, entendez-le bien; car si elle l'enseignait, dans *tous les cas* où il est *faux*, c'est une *notion* du *sens commun* qu'elle enseignerait, par cela même, avec *certitude*, quand le *résultat* trouvé est le *vrai;* or cela est à jamais impossible, la science apprenant à *raisonner* juste, et non à *calculer* juste.

Lui. Je vous remercie de la *leçon* que vous venez de me donner. Mais, comment, sans calculer, avez-vous pu connaître que les 3 premiers *résultats* que j'ai trouvés étaient faux?

Vous. Si je vous le disais, vous ne vous contenteriez pas du simple *fait;* je vous connais et je vous tiens pour un homme à qui il répugne de jouer le rôle d'un *perroquet*; vous me demanderiez la *raison* du *fait*, or il serait trop long de vous la donner.

Lui. Mais dites-moi du moins dans quel *auteur* vous avez appris toutes ces choses qui ont une haute valeur pour les *calculateurs*.

Vous. Je les ai apprises de l'*auteur* du Cours d'*arithmétique* savante, sans maître. Le Commandant Guy, auteur de ce Cours, vient d'en publier séparément un *extrait* que l'on comprend comme son *Cours* lui-même à la seule lecture, et qui a pour titre : Théorie toute nouvelle des nombres *pairs* et *impairs*. Toute personne qui aurait lu ce *petit livre* de 130 *pages* environ, ne connût-elle aucune

---

(1) Il n'est pas correct d'appeler *preuve* comme le fait M. Serret, une opération qu'il reconnait lui-même ne rien prouver, qui n'est qu'une *vérification*. Que d'*élèves* sont induits *en erreur* par ce mot *preuve* auquel ils attribuent toute sa force !

6

des *règles* de l'*arithmétique*, pas même les TABLES d'*addition* et de *multiplication*, aurait reconnu aussi bien que moi que vos 2 premiers *résultats* étaient *faux;* et aussi le 3ᵉ, si elle avait connu les TABLES d'*addition* et de *multiplication*. Ce livre qui contient ce *fait*, impossible en apparence, mais réel, puisque c'est un *fait logique*, ne coûtant que 3 *francs*, vous voyez qu'il vous est facile d'en savoir autant que moi.

Le *dialogue* étant terminé, je reprends la parole pour mon propre compte, et dans l'intérêt de la clarté des idées, et pour que l'esprit du lecteur ne fasse pas fausse route, en me faisant dire ce que je ne dis pas, je dois lui rappeler ces 5 choses :

La 1ʳᵉ. Qu'un *arithméticien* du 1ᵉʳ *ordre* n'est susceptible de se tromper, en *divisant* un nombre PAR un autre, qu'à l'égard d'une division *telle* que son esprit constamment tendu y éprouve une grande fatigue.

La 2ᵉ. Que l'*erreur* qui ne porte pas sur l'*espèce* du *quotient* et du *reste*, laquelle fait l'objet du *nota* des nᵒˢ 502, 504, 506, 508, est la plus rare de toutes. Quand on *multiplie* le *diviseur* par le nombre du *quotient*, et qu'on ajoute le *reste* au *produit*, on *retrouve* généralement le chiffre de *droite* du *dividende;* c'est quelqu'un des *autres* chiffres du *dividende* qu'on ne retrouve pas toujours, mais enfin l'*erreur*, quant au chiffre *impair* de *droite* du *dividende*, n'est pas *impossible*.

La 3ᵉ. Que pour abréger le *dialogue*, j'en ai exclu l'*erreur* dont il s'agit au 1ᵉʳ *cas* du nᵒ 508, parce qu'il y a *certitude morale* que *celle-là* ne peut avoir lieu. Le lecteur peut l'y introduire s'il veut, puisqu'elle n'est pas impossible.

La 4ᵉ. Que, dans la supposition d'une opération fatigante, il est sans doute extrêmement probable que le *calculateur* ne passera pas par les 3 *résultats* FAUX, *avec certitude absolue*, avant d'obtenir le 4ᵉ *résultat* DOUTEUX; mais il suffit que, pour une telle division, PAUL puisse trouver le 1ᵉʳ *résultat* FAUX, PIERRE le 2ᵉ, et JEAN le 3ᵉ, pour que, au point de vue *théorique*, j'aie le *droit* de les attribuer tous les 3 au même *calculateur*, puisqu'ils sont compris parmi les *faits possibles*.

La 5ᵉ. C'est que le *lecteur* peut composer lui-même un *dialogue* analogue, à l'égard d'une *division* dont le *dividende* et le *diviseur* PAR sont *pairs* l'un et l'autre, ou bien le *dividende impair* et le *diviseur pair*, ou encore le *dividende pair* et le *diviseur impair*.

La *question* de ce qui peut *arriver* à l'égard d'une *division* PAR considérable, et par conséquent susceptible d'*erreurs*, est donc épuisée.

529. CURIEUSE REMARQUE sur la SUPÉRIORITÉ, d'un instant, qu'a le plus humble qui sait un *principe* sur la plus érudit qui *ne le sait pas*.

Quand j'étais à l'*École Polytechnique*, il se disait parmi les élèves que le grand géomètre LAPLACE, l'illustre auteur du *système* du *monde*, alors vivant, que quelques niais ont accusé d'avoir dit : *désormais* l'idée de DIEU *n'est plus nécessaire*, ne pouvait parvenir à faire une *opération d'arithmétique* exempte d'*erreurs*, ce qui tenait évidemment à ce qu'il avait perdu l'habitude des *calculs* qu'il livrait à son secrétaire. S'il eût fait une *division* violant le *principe* de l'*espèce*, alors inconnu, et que le *hasard* eût donné cette *lumière* à son secrétaire, celui-ci aurait donc pu lui dire : votre opération est *fausse*, et en voici la raison. Certes LAPLACE eût été fortement contrarié, non pas de s'être trompé en calculant, ce qui est dû à un défaut de mémoire, et non à un vice de raisonnement, mais de ce que son secrétaire lui enseignait un *principe d'arithmétique* qu'il ignorait.

Ce cas singulier du plus humble rectifiant le plus érudit ne se présente pas seulement dans la science des nombres. Voici un exemple bien plus éclatant qui tient au *grand principe* des *parties inutiles* que j'ai amplement développé dans mon COURS d'*arithmétique* savante, *sans maître*, et que je livre à la sagacité de tous les *chercheurs* :

Dans la ligne de *mâle* en *mâle* : de qui parle-t-on, quand on dit :

L'AIEUL du NEVEU du PÈRE du COUSIN GERMAIN du FILS de l'ONCLE du PETIT FILS de PAUL

en supposant que la *filiation* qui se rattache à ce PAUL est *telle* que cette expression ait un *sens* ?

RÉPONSE. On parle de ce PAUL lui-même, et de lui seul; on peut donc poser == PAUL : les 7 *termes* de *rapport* de *parenté* pouvant être supprimés, parce qu'ils *jouent* un *rôle inutile*, quant a la *valeur* de l'expression ; Dont ACTE.

Les personnes qui connaissent mon Cours d'Arithmétique savante, sans maître, voient bien que c'est là une vérité scientifique analogue à celle qui a lieu pour la *question* suivante :

DE QUELLE longueur parle-t-on? quand on dit par exemple :

4 *tiers* de 5 *septièmes* de 7 *cinquièmes* de 3 *quarts* de *mètre*

Réponse. On parle du *mètre* : attendu que les 4 *signes mixtes*, 4 *tiers*, 5 *septièmes*, etc., lesquels résument 8 *signes* de *rapport* de *grandeur*, puisque 4 *tiers* est là pour 4 · le *tiers*, et ainsi des autres, peuvent aussi être supprimés comme jouant un *rôle inutile*, quant à la *valeur* de l'expression.

Le *terrain* seul est changé ; les évolutions de l'esprit sont de même nature ; il s'agit dans les 2 cas, du *grand principe* des *parties inutiles*.

Si Monsieur Duruy, le prétendu ami du progrès, au lieu de m'éconduire il y a dix ans, avait *encouragé* mes *travaux* : en outre qu'il aurait *centuplé* les forces intellectuelles de la jeunesse désormais rendue *apte* à recevoir la lumière des sciences mathématiques (1), il m'aurait facilité le moyen de publier un ouvrage assurément fort curieux, dont le TITRE eût été : SCIENCE de *l'arbre généalogique*, dans lequel se serait trouvée la *démonstration* du *fait* dont il s'agit, qui n'est autre chose qu'une *vérité logique* ou *mathématique*, les sciences mathématiques étant les plus nobles filles de la logique (2).

Mon *insuccès* auprès de Monsieur Duruy, quant à la science mathématique pure, m'amène naturellement à raconter un autre *insuccès* plus criant encore que j'ai éprouvé dans ma carrière militaire, quant à la science mathématique appliquée, et que je tiens à rendre public, puisque mes 84 ans m'y autorisent.

Il y a 46 ans : étant capitaine adjoint à la manufacture d'armes de Charleville, je fus chargé de l'atelier où l'on *rayait* les fusils de rempart, en remplacement d'un officier qui recevait une autre destination, et sous lequel on avait déjà *rayé* plusieurs milliers de ces armes, dont chacune coûtait 80 francs à l'État (3).

---

(1) Nul ne peut comprendre les sciences mathématiques, s'il ne possède fortement l'*arithmétique* vulgaire savante ou raisonnée.

(2) La *logique* est *une* comme la *raison humaine* dont elle est la conséquence forcée, et comme *Dieu*, l'auteur de toutes choses, est *un* ; aussi la langue d'aucun peuple civilisé n'admet le *pluriel* pour aucun de ces 3 faits qui s'offrent ainsi à l'esprit, dans l'ordre chronologique : DIEU, RAISON HUMAINE, LOGIQUE.

(5) On ne *rayait* alors que les fusils de rempart. Les fusils *rayés* de l'infanterie, pour lesquels je fus chargé de faire de nombreuses expériences, quant à la *courbe parabolique* de la *rayure*, à la *charge* et à la *justesse* du *tir*, ne furent adoptés que plus tard. Les expériences, qui avaient lieu tous les jours, furent si longues, car on tira plus de 3,000 coups dont chacun était enregistré et coté, que leur *monotonie* amena un événement extraordinaire où ma vie faillit être compromise ; et comme il était déjà arrivé 2 fois : à AUXONNE, dans l'exercice de mes fonctions, et à TOULOUSE, en dehors d'elles, qu'il me fallut une inspiration venue d'EN-HAUT

Chacun sait que les *rayures* ont pour but d'augmenter la justesse du TIR, en imprimant à la balle un mouvement de rotation qui se conserve pendant tout le parcours de la *trajectoire :* or il arrivait que cette justesse était, au contraire, inférieure de beaucoup à celle des fusils de rempart *non rayés,* ce que l'on attribuait à ce que les *rayures* n'étaient pas conformes à celle indiquée par les plans du Comité d'artillerie approuvés par son président d'alors, général DANTHOUARD.

Un instrument vérificateur, établi d'après ces mêmes plans, par M. le colonel PARISOT alors directeur de l'atelier de précision à PARIS, instrument dont un exemplaire était dans mon atelier, faisait effectivement voir aux yeux que les *rayures* n'étaient pas *identiques* à celle voulue, de sorte que le commandant THOUMAS directeur de la manufacture qui était tenu d'envoyer à des époques déterminées plusieurs exemplaires de ces armes à PARIS où les *rayures* étaient vérifiées recevait des reproches continuels sur leur mauvaise confection.

Enclin par ma nature exigeante à chercher toujours la *raison d'être* des choses, je m'avisai de discuter pour moi-même les *données* du *comité*, et au bout de 10 jours de méditations et de raisonnements par analogie, je parvins à me convaincre de la vérité de ces 3 *faits :*

1° Que la *courbe* ou *spirale* indiquée par les *plans* du *comité* était FAUSSE; et par suite aussi celle tracée sur l'instrument vérificateur, puisqu'il était établi d'après les mêmes plans.

2° QUELLE ÉTAIT la *courbe* que devait former la véritable *rayure ?*

3° Et par suite enfin : que les mauvaises rayures que l'on faisait à la manufacture se trouvaient, *par hasard,* moins mauvaises que celle tracée sur l'instrument vérificateur.

Pour montrer ce 3ᵉ *fait* aux yeux : comme l'instrument vérificateur était formé d'un *demi-cylindre* creux en *cuivre,* de la longueur du fusil de rempart, sur lequel cylindre la *courbe* du *comité* était tracée en *points* de *diamant,* je traçai avec beaucoup de peine au crayon, et à côté d'elle, la véritable courbe dont tous les points m'étaient parfaitement connus.

Cela fait, je fus trouver le directeur pour qui ma découverte, on

pour que j'évite une mort presque certaine : La Providence divine m'a donc protégé 3 fois, et les détails de ces 3 événements, s'ils n'étaient trop longs à raconter, en convaincraient les plus incrédules.

Je sent bien, fut un événement immense, car il était accablé par les reproches qu'il recevait; aussi s'établit-il entre lui et moi le dialogue suivant :

Lui. Êtes-vous sûr de ce que vous m'annoncez ?

Moi. Très-sûr, la science ne trompe pas.

Lui. Comment le prouvez-vous ?

Moi. Êtes-vous rouillé avec les mathématiques ou les avez-vous encore présentes à l'esprit?

Lui. Avant de venir ici, j'étais inspecteur des études à l'école Polytechnique.

Moi. Tant mieux, car vous allez me comprendre de suite ;

La vraie *rayure* doit être un ARC de *parabole* dont le *sommet* est au *point* de *départ* de la balle; et cet arc de parabole dont tous les éléments me sont connus forme une *spirale*, quand il est roulé autour du cylindre de l'âme du canon. J'ai tracé cette *spirale parabolique* au crayon sur l'instrument vérificateur, et vous allez voir de vos yeux, que nos mauvaises rayures sont moins mauvaises que celle de l'instrument qui les vérifie.

Lui. Après être venu à l'atelier et avoir vu, de ses yeux, la vérité du *fait* sur plusieurs fusils soumis à la vérification :

Préparez votre rapport sur ce grand fait, car je vais l'annoncer aujourd'hui même au général Schouler, inspecteur général des manufactures d'armes.

Moi. Faites, le reste me regarde.

Peu de jours après, le directeur me fit appeler et me lut une lettre du dit général fort dure pour lui et très-disgracieuse pour moi, car il y était dit : « au lieu de vous occuper des *rêveries creuses* de M. le capitaine Guy, vous feriez mieux de donner plus de soins à la fabrication des rayures qui sont par trop défectueuses. »

Après m'avoir lu le compliment qui m'était fait en place de remerciements, il me demanda si mon rapport ou mémoire était prêt.

Comme j'avais prévu quelque chose de cette nature, j'avais rédigé le mémoire avec le mordant légitime que provoquait un tel accueil fait au zèle avec lequel j'avais rempli mon devoir d'officier intelligent, je le remis donc au directeur.

Le lendemain il me fit appeler et me dit : je ne puis envoyer votre mémoire, les règlements militaires s'y opposent, rien de ce qui peut froisser l'amour propre de l'autorité supérieure ne peut être transmis hiérarchiquement. Je lui répondis : vous êtes parfaitement libre de rester sous le coup des reproches que vous recevez,

mais moi, je n'accepte pas celui de *rêveries creuses;* le sel que j'ai
mis dans l'expression de ma pensée n'a rien qui dépasse les bornes,
je ne puis donc y rien changer.

Comme j'étais maître de la situation, je résistai à toutes ses in-
stances, bien convaincu que les règlements finiraient par avoir
tort; et effectivement il envoya mon mémoire *tel quel.*

Après quinze jours, plus ou moins, il reçut du même général
l'ordre suivant : « Le mémoire du capitaine Guy est vrai en tout. Vous
direz à cet officier de rectifier comme il l'entendra l'instrument vérificateur, il en établira un autre s'il veut, en un mot il a le pouvoir
absolu d'établir les rayures d'après ses principes. »

Certes, ces paroles effaçaient honorablement les *rêveries creuses.*
Mais à qui le général Schouler dut-il cette lumière qu'il n'était pas
de force à acquérir par lui-même ? Je ne l'ai jamais su. J'ai toujours
pensé que ce dût-être ou à Piobert, membre de l'Académie des
sciences et officier d'artillerie ou à Morin, également officier d'artillerie et membre de l'Académie des sciences, lequel est actuellement directeur du Conservatoire des Arts et Métiers.

Quoi qu'il en soit : il y a pour les officiers de l'armée d'autres ré-
compenses que de belles paroles, alors surtout qu'il s'agit d'un service qui a arrêté la *lourde faute* de faire dépenser à l'État plusieurs
millions pour fabrication de mauvaises armes de guerre; or cette
récompense effective n'est jamais venue :

Quant aux décorations : 2 ans avant ce service, j'avais été nommé
membre de la Légion d'honneur au combat du col de Ténia, lors du
1re passage de l'*Atlas* par l'armée française, et j'ai été mis en re-
traite 20 ans après étant toujours simple chevalier de la Légion
d'honneur.

Quant aux grades : officier d'artillerie dès l'âge de 19 ans, j'ai été
nommé commandant 33 ans après, à 52 ans, quand j'avais *rasé de
toutes mes dents,* c'est-à-dire à l'ancienneté.

On sent bien que je n'ai pas raconté cette anecdote pour réclamer
de l'avancement. Agé de 84 ans, je ne connais que trop celui qui
m'attend. C'est donc un cri de douleur que je jette en quelque sorte
du bord de la tombe, croyant avoir le droit et le devoir de le jeter.
Le droit ! Qui oserait le nier ? Le devoir serait-il contestable, alors
qu'il s'agit de l'intérêt public, de l'intérêt de l'armée ? Pauvre armée
qui souffre et n'a pas le droit de se plaindre ! Comme nos régions
vinicoles, elle est la proie d'un ver rongeur qui ruine ses forces vir-
tuelles, car elle aussi à son *phylloxéra,* le népotisme ! Il est grand

temps que le législateur le regarde en face, et soit résolu à employer le seul remède qui soit capable de l'extirper, sans qu'il soit besoin d'offrir 300 mille francs de prime à celui qui le découvrira : Ce remède étant contenu dans ce principe depuis longtemps formulé si judicieusement par le général de PRÉVAL, sauf qu'à mon sens, le mot *identiques* est trop fort, je lui préférerais celui *analogues* :

« La société militaire doit reposer sur des principes identiques à ceux qui régissent la société civile. »

FIN.

www.ingramcontent.com/pod-product-compliance
Ingram Content Group UK Ltd.
Pitfield, Milton Keynes, MK11 3LW, UK
UKHW020328130726
13696UKWH00003B/1215